土を喰う日々

わが精進十二ヵ月

時光裡的醍醐味

水上勉

詹慕如
劉姿君
——合譯

導讀——深藏於旬食料理中的生活哲學

飲食作家　劉書甫

或許你對水上勉這位日本文學作家不熟悉，但你能夠從這本《時光裡的醍醐味》中，感受到他筆下傳遞的料理哲學，與我們每一個人的生活是何等的息息相關。

水上勉晚年獨居於輕井澤的山中小屋，每日採集當地之寶（在地食材），品嚐由那裡的土壤所栽種出來的食材風味，並以珍惜的心意，製成適合那風味個性的料理。他依循十二個月的時序，寫下一系列飲食散文，記錄了日本野菜的地華之味，貼切地傳遞出精進料理的神髓。與料理相連的記憶與哲思，也在烹飪的過程中自然流露。

首篇〈一月之章〉，水上勉便交代了他年幼時曾於禪宗寺院修行的背景，藉由服侍禪師進而學習精進料理，也因為有過這段經歷，讓水上勉學會了「惜食」的道理。

惜食，就是連為芋頭去皮，也不願削去太多，若削去太多就可惜了，因為那裡面飽含了土地所孕育的食材香氣與風味。那些長得不好看，會被都市人認為賣相不佳而丟掉的白蘿蔔，其實保留了蘿蔔真正的辛辣風味。料理人若能尊重它、善加利用，就能讓它在食膳中亮眼奪目。因此，秉持著惜食的精神，辛辣的白蘿蔔可以磨成泥來料理，栗子皮附近的澀味就用甘味來處理——所謂料理，便是引發食材的潛力。

令人感到趣味的是，影響水上勉廚藝最深的一本書，恐怕不是某本大部頭食譜，而是道元禪師的《典座教訓》。

數次出現在水上勉筆下的《典座教訓》，其中有一段經典的教誨說道：調理飯菜、進行餐食準備，不得用凡庸人之眼看待，不得用凡庸人之心思考。即使用粗菜煮湯，也不能厭煩或隨便，反而應竭力提高其品味；用好料製作高級料理時，也不得太過欣喜。對任何事皆不應執著，不拘泥於物品之良窳而動。因為，因物之不同而改變心意，正如因人之不同而改變話語，皆非有道心者應有的行為。

這段文字看似在講道理，卻影響水上勉至極。菠菜的葉片和菜根都一樣，沒有何者比較高貴、何者比較低賤。因此，沒有應該被丟掉而不能用於料理的部位。原來在惜食的料理行為背後，還有更深一層的「無分別心」。正是抱持著這樣的平等心態，水上勉才能深入食材，發揮它們的極致風味。

在本書中，水上勉提到另一位作家中村幸平先生，其著作《日本料理的奧義》將料理分為六味，除了甘、鹹、酸、苦、澀五味之外，中村先生認為應再加上「後味」，亦即「食用後還意猶未盡的餘味」，也就是人的心理對料理的感官影響。

對水上勉來說，味覺隱藏了一個人一生的精神史。食物的滋味，也經常和記憶有關。無論是大正十三年的陳年梅乾與良子小姐的緣份、大阪「竹青」酒吧老闆娘與松茸昆布的約定，還是山椒果實與外婆的回憶——食物引人走回舊時光，能讓一個人回顧過往，回想起那些在生命歷程中交錯相遇的緣分——這些由味道牽動起記憶的人情況味，何嘗不是一種「醍醐味」呢？思及至此，心中不免一陣溫暖。

從採集到調理，從廚藝到心意，我們從這位受精進料理之道薰陶的文學家身上，體悟到精進料理的精神，在於吃當季當令，而生出美的境界，更在於將料理當作一項融入生活的修行。

若我們總習慣由他人烹調、習慣只接受他人提供的餐飲，似乎也就和料理以及蘊含其中的重要思想漸行漸遠。是以，烹飪飲食、灑掃庭除，乃至於一切營生的活動，皆是能深入「道」的日常修行。若對每一天的飲食漫不經心、粗疏以待，那麼便是對「道」有所懈怠。

用心飲食，便是用心生活。《時光裡的醍醐味》是一本敬重土地、惜物旬食的料理之書，也是一本連結味覺與記憶的人情之書，更是一本藉由實踐精進料理的精神，所開啟的生活智慧之書。

目錄

插圖・作者／水上勉
攝影／中谷吉隆

一月之章

自九歲起，我便生活在禪宗寺院的庫院[1]，若問我有何所得，那麼首先應該是學會了「精進料理」吧。禪宗養育小僧時，不太叨念艱澀的道理，而是會將道理融入日常細節中來教導。舉個例子，假如有人把洗完東西的微量剩水，隨意潑在院子裡，看到的和尚或師兄定會大聲喝斥：「蠢傢伙！怎可如此浪費。」但都已經是洗過東西的髒水，怎麼算浪費呢？為什麼還得挨罵？接著，我們可能會聽到這樣的回答。**哪怕一滴水，也能滋養草木，為何不經思考就浪費丟棄呢？既然要丟，不如丟到院子裡，澆在需要的樹根下**。聽了確實覺得有道理。這時，如果和尚或者師兄稍有學識，可能會藉此機會說起先師的事蹟：「從前有位和尚名叫滴水，他將一杓水潑在庭院的瞬間，師傅告訴他水的重要，讓他幡然頓悟。」等等。

萬事都是這種教法。如何煮水、如何生火，抹布的用法、掃把的用法，如何泡茶、如何品茶，煮粥、煮飯的方法。日日晨昏，人人皆有職掌，若對自己未能覺察到的事渾然不知，馬上要遭非難。這時，就會有人告訴我，祖師們少年時代是如何在微小事件中悟道。

九歲入寺的我已屬年長，有些孩子早在五、六歲就入寺。這些孩子自五歲六歲起，即視無血緣關係的和尚為父，成長過程中即使是一點小事，只要稍有錯處，立刻會被糾正。師傅的小僧時代就是這麼走來，所以現在也會如此對待小僧。這是相當難能可貴的教育，畢竟許多地方，親生父母都沒能發現。或許孩子當下心裡覺得難受，但事後回想，只會有無限感激。我的精進料理，也都要歸功於此。

很幸運地，十六歲到十八歲時，我曾是等持院東福寺管長尾關本孝禪師的隱侍。所謂「隱侍」，是指負責照料禪師日常起居之職。本孝禪師當時年約六十六、七。他還是東福寺管長時因故逃離本山，成為知名的遁世管長，在巡教四國八十八所寺院時被發現，受命擔任等持院的住持。本孝禪師晚年於奈良慈光院遷化[2]，在他短暫的等持院住職時代、我擔任隱侍的兩年期間，身子都相當健朗，僧堂[3]和師

1 譯註：廚房，調配食物的地方。
2 譯註：僧侶之示寂，有遷移化滅之義。
3 譯註：禪宗裡僧侶坐禪、起居飲食之堂。

家[4]時代的生活，都在隱寮[5]中渡過。當時，我不是行腳雲水僧，還是個中學生。從學校回家後，我趕忙前往隱寮，負責禪師的三餐、洗衣打掃等大小事。正因當時負責三餐，也就是兼任典座[6]，才讓我今日忝能烹調精進料理，也因此受到偏好本孝禪師味道的人所喜愛。

本孝禪師嗜酒，也是位作家。當時他在《中外日報》上連載了四國巡禮遊記，也經常留下墨寶。寺中常有新聞記者、信徒來訪，有畫家，也有投機商人。隱寮無一日無來客，傍晚幾乎一定會飲酒。禪師會直接交代菜色，聽了之後，我便立刻跑進廚房準備。

當時，等持院相當清貧。這裡曾是足利尊氏家墓所在的菩提寺，也保存著室町時代的寶物，但正值戰時，根本沒有人會來到國賊的菩提寺觀光。當時，世間尊崇的是效忠後醍醐天皇的楠木正成，國家也將足利尊定位為逆臣。守護此等將軍家墓的寺院，廚房裡當然不會有豐富的食材。不過，隱侍就是能運用有限的食材做出配菜。與其說做菜，「擠出幾道菜」來形容似乎更加貼切。我想，這就是禪師教授的烹飪之法根本所在。

禪師一有空閒就會下田，拔草、施肥，一天至少會在田裡待上一小時。基本的食材，田裡大致都有。因為地處京都，還會有：水菜、茄子、三度豆[7]、番杏。當然，這些作物只在各自盛產的季節生長，並非時時都有。因此，入冬後田裡下雪時，就叫人頭痛了。蓋上草蓆的田畦之下，有菠菜、蕪菁；嚴冬時節，大概只有子芋、日本薯蕷、慈姑、百合根吧。無法採收作物時，只能打開乾貨籃，翻找些香菇啦、白蘿蔔乾啦、羊栖菜什麼的。即使急忙騎自行車外出採購，頂多也只能買到豆腐或炸豆皮。餐費不能隨意增加，買了太貴的東西，可是會被師兄痛罵一頓。

---

4 譯註：禪宗中對教導僧、禪師之稱呼。

5 譯註：管長的住處

6 譯註：禪宗修行道場中負責操辦僧眾餐飲之職

7 譯註：一年可收成三次的豆類。地方不同能收成的豆類也有所不同。

師傅常說，皮削得過厚就太浪費了

（編註：本書照片均源自 1982 年原作。）

前面說過，**所謂「精進」，就是從一無所有的廚房裡擠出菜色。不同於現在，是走進店裡，樣樣都有的時代，凡事都得先跟田裡的東西商量後才能決定。**我之所以覺得精進料理好比吃土，**正是因為使用的是現從土裡鑽出來的菜，精進料理才會有如此豐沛的生命力。品嚐當令食材，就等於吃土。**廚房必須透過典座職（禪寺裡負責操辦餐飲的職務）這個角色，牽起跟土的關係，這就是本孝禪師料理之道的根本理念。不過，禪師當然沒有直接說出這些話。

「承弁啊，又有客人來了。這麼冷的天就算找田地商量，大家可能也都睡著了，你就想個兩、三種吧。」

承弁是我的僧名。首先得備酒，將溫好的酒壺放在托盤上，再將炸昆布放在下酒小菜碟上先端出去，再回廚房繼續想菜單。

從這時期開始，我就很擅長烤慈菇。還俗之後，我經常在蔬果店看到堆成小山的慈菇，似乎被都市人敬而遠之，一個個乾乾癟癟的，我總忍不住掉下眼淚。一般來說，大家常拿來燉煮或作為煮物拼盤的一角，但是我會先把慈菇清洗後，在炭爐

沉眠於地下儲藏庫的蔬菜

上架好烤年糕的網子，放上慈菇，直接整顆烤。這時，得極有耐心地慢慢烤，烤到不久前還沉睡在土中的慈菇，從迸裂外殼的龜裂縫隙間，隨著熱氣散發出一股獨特帶苦的香味為止。這時可不能一直翻動。既然叫「烤」，就得仔細烤到澈底，而不是表面的炙燒。當然，也不用剝皮。烤好的地方先是呈現金黃焦色，然後漸漸轉黑，等到這時再去翻動。烤熟的皮顏色焦黃，局部露出帶點綠的黃色塊莖，就像栗子一樣。如果烤熟的慈菇個頭夠大，我會用菜刀切對半，放在盤子裡端上桌。如果個頭較小的，就直接兩個整顆一起裝盤，旁邊堆上一撮鹽。愛喝酒的禪師，最好此味。

最近我發現一件事。雖然我現在很少看電視上的烹飪節目，但偶爾看到會十分驚訝，那就是用菜刀削慈菇皮的畫面。那種削法好比讓一個身穿厚棉襖的孩子，完全脫下身上衣物，最後只剩下一小部分。據說，這種削法顯得優雅。如果最後放進煮物拼盤裡，從外表上根本看不出究竟是芋薯、還是其他東西。而且慈菇原本帶有苦味，把接近甜味的皮附近都丟掉，這實在可惜。其實慈菇的皮，薄得可以。

剝子芋皮的方法也很類似。形狀特別的子芋，只需要用鬃刷將土刷洗乾淨，就能看到底下帶有茶褐色縱紋的芋皮。我們會用一種獨特方法來去皮，在稍微能保留一部分皮的程度時停手。先在大小相當於三斗木桶的容器裡，放入帶土的子芋加滿水後，將前端綁了適當長度橫板的木棒放進木桶中，雙腳跨在桶緣，不斷轉動木棒。在橫板的拍擊下，子芋開始摩擦彼此的外皮。約莫二十分鐘，皮浮上水面，圓滑美麗的白皙子芋嫣然現身。我們會將這些子芋保存下來備用，之後不會再用菜刀削皮。不過，電視節目上的廚師，一個個靈巧揮舞著菜刀，將芋頭剝成小梅子般大小，若無其事地扔掉厚厚的芋身。這樣芋頭是會掉眼淚的，更重要的是，不久前它們還躺在雪下田畦的洞裡，連一整個冬天給予它們溫暖、孕育香氣的土，也會掉眼淚了。香氣，沒錯，也可以說是風味。埋進土中比起包在塑膠袋裡，更能留下好的香氣。

淘米調菜等，自手親見，精勤誠心而作。不可一念疏怠緩慢，一事管看，一事不管看。功德海中，一滴也莫讓。善根山上，一塵亦可積歟。

這段文章出自道元禪師的《典座教訓》。臨濟禪中也有《百丈清規》，教導百丈禪師訂下的日常茶飯規矩，內容類似。哪怕只是一片芋皮，無端浪費就不配自稱為佛門弟子。

洗米洗菜時，典座必須親手進行。仔細地近距離觀察食材，以嚴謹用心的態度來處理，不可有一瞬稍稍鬆懈。不能只注意到某樣東西、卻忽略了另一樣東西。要累積功德，即使渺小到猶如大海中的一滴水，也不能委交他人之手。要積攢善根，就算如同高山上的一粒塵埃，也不可以放棄。正所謂涓滴成河，高山起微塵。

各位不妨想成我在這樣的廚房裡持續修行。今天我也即將在輕井澤山莊裡度過第三個冬天，自己炊、煮，或烤蔬菜時的處理，看在一般人眼裡或許覺得吝嗇小氣，或許有人覺得用來清洗的水很浪費、帶皮的子芋看來不太乾淨。但烤好後的慈菇上帶有一些半掀的外皮，煮物拼盤裡的子芋也留有一點皮，這不是很自然的事嗎？這世上不可能有不帶皮的子芋或慈菇，如果有，應該是奇形異種吧。**如果味道不好那自然不用多說，既然要靠材料本身的甘美來決勝負，就只能把一切交給土的**

有耐心地整顆慢慢烤，可以聞到土壤孕育出來的甘甜香氣

力量了。因此，位於廚房旁邊那小小的三畝田地，可說是典座的生命線。存起掃成堆的樹葉、多餘的爐灰，挑個雨後的日子將這些靜置在田畦邊，可以用來滋養土壤。這都會直接連接到我們的食膳。

前面提到的典座，我身為區區隱侍得以出入廚房，但卻不能出入僧堂。等持院並無僧堂，許多小僧會成長到必須進入僧堂的年紀，並外出至其他有僧堂的寺院工作、修行，師兄們從僧堂回來後，經常會教我一些僧堂的規矩。負責照顧禪師的我，身為隱侍，也須承擔典座的工作，這也賜給我日後烹調精進料理的力量。其實我沒有任何一道所謂的拿手菜，有的只是與田地相伴、品嚐時令的天賦罷了。除此之外，我一無所能。

這次我將這篇文章題為〈吃土的日子〉，正是因為我所學的精進料理——這套師事於本孝禪師的烹調法——即是吃土的日子。我住的輕井澤屬於日本的高原地帶，能耐得過冬天的蔬菜品種有限。田裡多是高原特有的作物，但四月到十月期間種類還算豐富，能採收到不少其他地方難得一見的蔬菜。因此，往後大約一年的時

燉煮海老芋／燉煮水菜和炸豆皮／聖護院蕪菁淋芡汁
甘炊百合根／子芋和慈菇、香菇的煮物拼盤／烤慈菇

間，每月約有兩、三次，我會請家中的幫傭休息，同時也藉此機會遙想少年時，在此介紹自己做過的料理。

雖然不是什麼值得誇誇其談的菜色，為了湊數，我也曾將京都寄來的水菜跟炸豆皮一起炊煮。這種東西或許就像現在每間店都愛標榜的「老媽的味道」，但我的炊法不太一樣，客人們對於我引出食材本身的甘甜味道、不多加調味的作風，似乎也出乎我意料都能品出其中的鮮美，個個嚐得津津有味。受人招待後不誇個兩句好吃似乎甚是失禮，不過看到盤子很快一掃而空，我想這就是食物美味最好的證據了。不管聽到再多的讚美，我多半不會再替客人續盤，這也是禪宗之流。希望大家珍惜享用美味的餐點，所以盛裝得稍微少一些。

但不管怎麼說，調味還是會依照我個人習慣。比方說，味醂可用，卻不可隨意用酒，因為太浪費了。本孝禪師嗜酒，如果用酒來給料理調味就會挨罵。這習慣至今仍留在我身上。而且酒本就由禪師管理，收納在小僧們不得隨意取用的隱寮佛壇之下。如今，在我能自己做主的輕井澤，料理也很少用酒，不是因為我小氣，是因

過冬生活邁向第三年

為以前受過這種教導。

一月的輕井澤，天寒時早晚會降至零下十五度。此時，土壤休眠，草木也休眠。與其說休眠，甚至近乎死去。庭院一角，黃蓮、蜂斗菜、鴨兒芹等恣意生長，到了這個時節，當然看不見任何綠色菜葉的蹤影，田裡的蔥、白蘿蔔葉也都已枯乾，菠菜垂頭瑟縮在冰針之間。如果雪量多，撥開雪還可見到水嫩的青菜，但輕井澤跟那些地方不同，是個萬物枯槁的世界。那究竟還能吃什麼？

我從秋末，便開始跟過冬儲存的蔬菜們打商量。子芋、馬鈴薯、蔥，這些都存放在狹小的地下水泥糧倉裡。我會來到這裡一一輕撫它們，取出需要的分量，有的入湯、有的燉煮。當然，也會用到乾貨，將豆皮、香菇、海帶芽、羊栖菜、乾白蘿蔔絲、昆布等等，撒在蔬菜上。

希望各位想像一下，從嚴冬倉庫輕輕摩挲一顆芋頭，將其取出的心情。外面是零下酷寒。風聲蕭蕭，暖爐的煙散入冰冷的空氣中，連一分鐘都難待的寒冷。這種時候，手裡這顆芋頭有多麼珍貴。陽光普照的春天能不能快點到來？我忿忿望著田地，仔細用菜刀唰唰磨掉芋皮。嘴裡喃喃唸道：「善根山上，一塵亦可積歟。」。

這約莫是我正月到二月的日常，品嚐時令的快樂，此時還未到來。

二月之章

二月初始，先說起研杵可能有點奇怪。不過，這個月主要是享受味噌滋味的時節，且讓我先來聊聊這件事。

我用的研杵是自己做的。以前我在輕井澤南邊深山裡有間工作小屋，小屋周圍的基地內是一片雜木林，我將玄關前的斜坡地砍除乾淨後，發現一根（站在都市人眼光來看的話）十分巨大、粗如成人手臂的山椒[8]。從根算起高約二尺，分岔成兩股，樹枝如掃箒般往四方擴散，葉子愈往末端愈擁擠。由於這種樹的特性，樹幹上長了茶褐色的疣粒，很是粗糙，算不上好材料。為了在玄關前闢出一條路，園藝師傅無情地砍下這棵樹，看著看著，我不禁想起從前在相國寺塔頭[9]瑞春院（我九歲時第一次成為小僧的寺院）時，山盛松庵和尚用山椒製作研杵的往事。說來也真奇怪，樹還活著的時候從未想起，但看到它被砍成一尺五寸左右的原木、拋在一旁等著作為薪柴時，我才突然想起這件事。

我親手做的山椒木研杵

8 譯註：又名日本花椒。

9 譯註：佛寺中守護卒塔婆的小院，或者高僧禪讓方丈一職後居住的小庵。

我先是仔細剝下樹皮，畢竟是山木，長得彎彎曲曲。不過，握上那彎曲的部分後，感覺挺服貼順手。我花了一整天剝樹皮，然後將其打磨得圓潤光滑。現在用的兩根研杵就是這樣做出來的，用鋸子將尖角鋸圓，然後用砂紙磨平，接著拿起研缽試用，剛剛的圓滑質感稍稍改變，指腹也能感受到磨耗的程度。每當這麼一試，就可以確實知道研杵正在被研缽的砥面磨損。比起百貨公司賣的那些不知是杉木或松木等、用一般木材製作的研杵，這種研杵來得更有味道。山椒的木質融入研缽，進而滲入磨拌的食材或者味噌裡。研磨的樂趣，也由此而生。

我很喜歡山椒。住在若狹鄉間時，沒有哪戶人家裡沒有山椒的。有些山椒會結實、有些不會，外婆家的就經常結實。每年收成後，她都會連同樹葉一起煮了再裝進壺裡。外婆的吃法很不一樣，她會在熱飯上淋上山椒湯。但她並不將壺提起，而是把筷子插進壺裡直至中段，將沾附在筷子上的湯汁和少許的山椒塗在溫飯上吃。壺裡的山椒湯份量不少，即使早中晚三餐都吃，獨居的外婆也吃不了這麼多。但她還是相當愛惜這些湯汁，一點都不分給我們孫輩。外婆很長壽，一直活到八十三歲。我或許也有些羨慕她的長壽，不由得想念起開心佐著山椒湯汁和少許山椒子享受三餐的外婆。山椒帶給我的舌頭辛辣苦味，以及一絲甘甜的刺激。當研杵磨損到幾乎看不見前方尖端時，就表示混入的味噌中已經能嗅到深處的山椒氣味。

在輕井澤，山椒很晚才會冒新芽。所以，冬天我會拜託從東京來的人買回來，沒機會託人帶時，就會用上儲存的山椒果實。先將山椒放入研鉢，仔細搗碎，然後加入白味噌再攪拌均勻。有時為了配色，也會加入嫩菠菜葉。以我外婆的做法，光是這樣味噌就已經很有風味，極適合配飯。但我還會再敲開附近東部町產的核桃，將果仁稍微在熱水裡浸一會兒後剝除澀皮，用另一個研鉢仔細磨碎後加入剛剛磨好的味噌，接著再研磨一次。有時也會用落花生等等，這是精進料理中唯一能攝取到脂肪的食材。比起吃些廉價的肉類，這可要來得美味多了，不但能佐酒，抹在飯上更添美味。

再來，把里芋一樣依照前面所說的步驟細心去皮，煮到鬆軟後拌入山椒味噌。這時候，為了磨去味噌風味的稜角，有時會加入一點沙拉油和味醂和勻，比起帶皮蒸里芋沾鹽吃，味道更加纖細甘甜。我還聽說過有人會加醋，但我不愛酸，只想盡情享受甘甜味噌襯托出的芋頭香味。當然，有時候用的不是白味噌，如果是信州味噌，加入砂糖、用味醂調勻，也能嚐到獨具一格的山椒風味。

塗味噌去烤的田樂燒，我會烤蕪菁、蒟蒻等等，用的一樣是這種味噌。在東京店裡賣的田樂燒，有時上面只塗著薄薄一層味噌意思意思，入口的大半還是蕪菁，但為了充分享受味噌的滋味，我總會塗上不少味噌。這種裝盤方式乍看之下或許覺得鄙俗，可是吃過的人無不為這些味噌讚嘆。

小蕪菁也一樣會先仔細去皮，整顆用昆布高湯炊熟。塗味噌時稍微蘸點高湯的湯汁，再用砂糖、味醂調味。裝好滿滿一盤後，再撒上成堆的罌粟籽，看上去就優雅許多。

蒟蒻直接一大片去焯水後，切成一點五公分寬左右，然後每片切成三等分，穿成串。切小塊是為了讓老人家方便一口吃。西京味噌加上味醂、山椒後仔細搗過，增添香氣。

切成方便老人家食用的大小並穿成串

在這裡得提一件重要的事。料理前面提到的田樂燒或者搭配味噌的小菜時，我不會大張旗鼓地用到廚房的調理台。多半是爐上一邊煮著飯、燉著湯，一邊順手做，不會特別花時間或工夫。當然，煮小蕪菁等多少得花點時間，但是要用到研缽的東西頂多花個四、五分鐘就結束。我想，這應該是在寺院時養成的習慣。我們很少會炊飯、煮湯，一件一件分開處理。

調辦菜羹等，應當蒸飯時節。典座親見飯羹，調辦處在。或使行者，或使奴子，或使火客，教調什物。近來大寺院，有飯頭羹頭，然而是典座所使也。古時無飯羹頭等，典座一管。

這是《典座教訓》中的一節，說的是應趁著炊飯的同時，做菜煮湯，典座一邊煮湯、一邊照看米飯炊煮的狀況。附近的大寺院裡分工極細，有多人負責輔佐典座，但道元禪師說這樣太奢侈，從前只有典座一人處理所有的大小事。如果只有一人，便會跳過、省略掉一些步驟。

蒟蒻花椒嫩葉田樂燒

有一次我薄薄切掉菠菜根放置在廚房一隅，被禪師發現。禪師沒說什麼，只是將菜根全部撿起後，對我說：「仔細洗乾淨，放進涼拌青菜裡。」

我羞得滿臉通紅。菠菜根很難洗，土緊緊沾附在根底部，還有硬皮，做涼拌青菜時如果沒洗乾淨，往往會夾雜泥沙。我明知道應該把根一一剝開，在水中用指尖搓洗，用自己的皮膚跟指尖小心分開根部，讓淡紅部分連同葉片一起入菜才對，但一忙起來就會省略掉這個步驟。這省略也是有原因的，因為柔軟的葉片和根無法同時煮。根部比較硬。當然，一般可能會先把根放進鍋中，待煮軟後再放入葉片，這時如果把最底部的根切掉，可以節省不少的時間。另外，可口的葉片裡假如只因為太珍惜根部，就算已經十分注意、將沙土清洗得很澈底，萬一不小心混入了沙子，還是可惜了，所以不如分開處理。那天，我就是因為這些原因才把根丟掉的。禪師並沒有生氣，只是平靜地對我說：「怎麼能把最好吃的地方丟掉呢。」

道元禪師針對這種狀況也說過下面這段話。

凡調辨物色，莫以凡眼觀，莫以凡情念。拈一莖草建寶王剎，入一微塵轉大法輪。所謂縱作蒲菜羹之時，不可生嫌厭輕忽之心。縱作頭乳羹之時，不可生喜躍歡悅之心。既無耽著，何有惡意。然則雖向粗全無怠慢，雖逢細彌有精進。切莫逐物而變心也。逐物而變心，順人而改詞，是非道人也。

實在相當嚴格。菠菜的葉片和蒂頭都一樣，不可有覺得何者比較高貴、何者比較低賤的想法。這段話依照我的解釋，大概是這樣。

「調理所有飯菜、進行餐食準備時，不得用凡庸人之眼看待，不得用凡庸人之心思考。我們必須撚一根草、建立一間大寺院，進入一粒微塵中，宣說佛法。即使用粗菜煮湯，也不能厭煩或隨便；製作加有牛奶的高等料理時，也不得太過欣喜。面對這種狀況應該抑制住雀躍的心，對任何事皆不應執著。既然如此，何以會生出厭惡粗鄙之物的心態。面對粗鄙之物切勿懈怠，應竭力提高其品味。心不可拘泥於物品之良窳而動。因物之不同而改變心意，因人之不同而改變話語，這並非有道心者應有的行為。」

小蕪菁淋山椒味噌

本孝禪師並沒有說過類似道元禪師的這番話，但是當他將丟掉的菠菜根交回到我手上時，總覺得耳邊也聽到了上面的這些教訓。其實我並不是在念中學時讀到《典座教訓》。諸如前述，遊歷四方的師兄有時會回到寺院中，教導僧堂應有的生活規矩。典座不經意吐出的話語中，藏有許多人生的教訓。正如道元禪師所言，**不能浪費一草一葉，即使有了好材料，也不能妄生歡喜，不要因為有了牛奶就開心，不可因物而變心，不可因人而易言**，我對這些訓誡更感興趣。說得一點也沒錯，土地裡長出的一草一根，都有平等的價值。

確實沒錯。今年我在輕井澤種的白蘿蔔長得不太好。一方面是太忙，沒能好好耕耘，再加上天氣的狀況，想必蔬菜也很是驚懼。換作往年，早就從土裡鑽出的綠色肩部，今年卻依然深埋在地裡，蜷縮得極小，等到深秋，個子才差不多長到往年的程度。拔出來一看，肩部附近還好，其他地方細長纖瘦，尾巴細得像條蜥蜴的尾巴。

「這不太行啊！真可惜，我可是從春天就開始期待了呢。」我對客人說。

「只能磨成泥了吧。」客人也這麼說。

確實。我試著切成圓片跟炸豆皮一起燉煮，依然去不掉硬澀跟苦味，中間還空心，這種狀態可不能端給客人。於是我依言，用磨泥器來磨。

沒想到味道很嗆辣，但這種辛辣卻很特別。放在米飯上味道轉為甘甜，包覆著舌頭。這是以前的白蘿蔔，是我們已經遺忘的白蘿蔔的滋味。現在的白蘿蔔個頭長得都很大，但稀淡無味，將這種蘿蔔磨成泥，總是覺得味道很淡薄，彷彿少了些什麼。而乍看之下，長得很不好的白蘿蔔，卻獨自堅守辛辣這一味，讓我相當感動。都市人可能會丟掉這些賣相不佳的蘿蔔吧，打從一開始農民拿這種白蘿蔔出貨，市場或許根本不會買。今年我才知道，就規格來說，不堪用的白蘿蔔其實保留著真正的味道，當時我也想起了前述的《典座教訓》，的確是「拈一莖草建寶王剎，入一微塵轉大法輪。」我沒資格取笑長不好的白蘿蔔。只要尊重它、善加利用，就能在食膳當中扮演亮眼奪目的一角。所謂料理，便是要引發出食材的這種潛力。

這麼想來，味噌的學問也不少。我經常會收到從各地方寄來的特產味噌。京都寄來的有王者白味噌，我住的信州種類很多，紅、白各色都有。除此之外，還有名古屋、仙台、越前，顏色、形態都不同，各具特色。不過，細嚐這些味道，有些還真的不怎麼樣。在這裡姑隱其名，有一種味噌拿來煮味噌湯，味道實在平淡無趣，我通常不太愛用。不過，嘗試與其他味噌混合、充分研磨後，沒想到竟是出奇地美味。這些味噌有的裝在塑膠袋、有些裝在塑膠容器裡寄來，一個一個分開來品味，往往無法發現他們真正的價值。我試著把仙台和越前拌在一起、把京都和若狹拌在一起，或者在這些當中再加入越後高田，用前面提到的研杵來攪拌、研磨。

我前面寫過加了山椒的田樂燒和拌了味噌的里芋很好吃，但並沒有提到味噌的確切用法，因為味噌的使用沒有一定規則，料理時要下功夫思考，因應食材調配組合，所以我自然沒有明說。忘了是哪裡的味噌，其中留有明顯的黃豆顆粒，如果直接用這味噌煮湯，黃豆都會留在碗底。於是，我先研磨過後再入湯。這麼一來，黃豆都融入湯汁中，味道完全不同。不能偷工減料，拈一莖草建寶王剎，也要看如何下功夫。本孝禪師當時要我把紅色菜根也加進涼拌青菜中，我照辦了。於是紅菜根如花般落在綠色柔軟葉片上，更為增色，菜根在舌尖上嚐起來也更為甘甜。但如果單吃菜根，味道又太過強烈。因為混在青菜中，才能發揮其甘美和豔色。至今我到了餐廳酒館，餐桌上若有涼拌菠菜，總是會習慣尋找菜根。愈是去高級餐廳，例如高級料亭之類的地方，涼拌青菜就愈是青綠，因為菜根都被丟掉了。

讀者或許覺得禪宗的精進料理這種東西又吝嗇又不乾淨，要這麼想也是大家的自由。畢竟依照道元禪師的作法，一根白蘿蔔沒有任何該丟的部分，這做法也沒有錯。不過一位手藝精湛的典座會將食材運用在什麼地方，就決定了料理最後的樣貌。也就是說，關鍵在於工夫巧思。

比方說，我這次嘗試的網烤蜂斗菜嫩花芽不就很有意思嗎？挑選形狀漂亮的花芽串起兩、三個，沾了沙拉油後像烤辣椒般用網子烤，等顏色變成金黃焦色後裝盤，旁邊放上一山甜味噌。嗜酒客裡沒有人不愛這道菜。

古老先人如果嚐到前面提到的這些料理覺得美味，自然想傳承下來，繼續精益求精。假如先人用三錢的費用煮了菜湯，那麼今日我們就應該砥礪精進，用三錢來

享受將越前、若狹、京都磨進同一個鉢裡

用心製作加了牛奶的涼拌菜，這就是道元禪師所說的道理。這時，我才真正了解精進料理中「精進」之義。

當我了解過去未經思索用的「精進」二字，其實代表著我們應該在先人料理的基礎上繼續改良精進，我也同時了解到，跟隨本孝禪師那段歲月，就好比是我食味歷史中，埋在深雪中的漫長時光。

網烤蜂斗菜嫩花芽

三月之章

忽有來客，得急忙準備招待時，拎著購物袋衝向超市，猶豫不決地看著雜亂放在亮晃晃日光燈下，那清一色裝在塑膠袋裡的非當令蔬果，思索著今天的菜色。我想，很多人都會這麼做，我太太也多半如此。這時，仔細想想，「獻立」在日文中有「菜色」的含意，這兩個字實在很有意思。這個字的原意是「**考量來客的喜好，為其獻上佳餚**」。不過，一旦來到超市購物，比較像是向廠商上獻。因為我們常會被外觀吸引，不由自主伸出手買下食材，然後強迫客人享用。這種情況並不罕見，像我太太在這種時候總會對客人說：

「還合您的胃口嗎？都是些粗茶淡飯，還請您嚐嚐。」

這樣等於沒有顧慮到客人偏好，強迫對方接受。這就是所謂的「獻上佳餚」。

我對此當然不以為然，**所謂「精進料理」裡的「精進」，是指在前人的基礎上更下工夫、讓料理更加美味**。同樣的道理，我覺得獻上佳餚這件事，最重要的還是客人。有人嗜甜，有人愛辣。有人從昨天開始腸胃就不舒服，也有人為此餓肚子而來。客人有千百種。不過，**能夠大致猜想客人的狀況，仔細考量對方的偏好之後再**

窗外是冰冷寂靜的世界

挑選食材，也正是邁向精進的一步。但是，進入三月之後，輕井澤的田地還是結凍的狀態，再怎麼考量客人的喜好，也很難取得堪用的食材，超市也沒開。這種時候該怎麼辦？假如住在都市，多半會叫個壽司或鰻魚等外面店家的東西來解決。在京都等地方，有時候也會請料亭外送。但我還是會走進什麼都沒有的廚房，開始苦思。這個月就跟大家聊聊，手邊什麼都沒有的時候，如何速速完成一道「現成食材的應急料理」。

首先，是高野豆腐。我很喜歡把口感極佳的高野豆腐燉煮到甘甜，通常我會先問問客人的偏好之後再燉。輕井澤距離俗稱「凍豆腐」的信州高野豆腐產地佐久望月很近。冬天時，與我同住的一對夫妻家就待在佐久望月，所以年底我靠這層關係拿到了新製豆腐。豆腐會串著繩子掛在屋簷下風乾，取五、六個用水泡開，完全泡開後輕輕擠出水分，再用昆布高湯、醬油、味醂、砂糖慢慢燉煮至漲大，要小心維持形狀，不要煮到碎裂。訣竅在於急不得，要耐心慢慢燉煮。這時候我通常不用大火，而用小火慢悠悠地燉，一邊看點書，或者準備接下來的工序。

三種煮豆：四季豆、豌豆、蠶豆

接下來煮什麼？看看乾貨箱，發現了豆皮卷。這個也用水泡開，昆布高湯、砂糖、醬油，煮成稍微濃厚的口味。旁邊放些羊栖菜也不錯，拌入炸豆皮，煮到收乾，不要留下太多的湯汁。一不小心可能會煮到糊，裝盤時如果混進帶苦味的深色湯汁就不好了。我自己偏好煮到湯汁收乾，不知各位讀者的口味如何？

暖爐空出來時，我經常會一早起來慢慢燉一鍋事先泡了水的斑豆或蠶豆。泡水時，水量一定要淹過豆子，否則外皮會起皺折。煮的時候，不時在沸騰時加冷水，途中稍微撒點鹽，鹽可以充分襯托出之後的砂糖調味。

光是打開乾貨箱，就能變出這些花樣。不過，只有這些也不行，還是得有用豆腐與根菜煮成的建長湯[10]或蔬菜鍋等夠分量的菜色，旁邊搭配的這些小菜，客人也會因這些細心烹調，而感到開心。

在這裡跟大家分享一個失敗的經驗。用水泡開信州產的高野豆腐時，因為豆腐是純天然的製品，光用水泡開會留有澀味，難以入口。前面我只簡單寫了要泡開，其實也曾經嚐了味道之後發現澀味太重，遂扔掉一整鍋，重新煮起。天然豆腐必須撒上小蘇打粉、淋上熱水，等待水溫變冷。接著一個一個仔細將豆腐裡的澀汁擠出，放進裝水的大碗裡，如此數次，反覆仔細地榨乾，直到再也擠不出白色汁液為止。如果是超市買回來、從東京帶來的伴手禮，則不在此限，用水泡開即可。

提到高野豆腐令我想起一件往事。幾年前，木村光一導演帶著英國劇作家阿諾德・威斯克（Arnold Wesker）來訪寒舍。當時，時間已經很晚了，過了晚餐的時間。我心想，應該弄些適合下酒的小菜。我思索著菜單，因為家裡沒什麼現成材料，便煮了高野豆腐。威斯克似乎覺得這豆腐很稀奇，開始用母語花拉呼拉說了一長串。

口譯小姐在旁邊說：「水上先生，請告訴我湯的名稱，威斯克先生相當喜歡這個湯的味道。」

「No，這不是湯。」

10 譯註：建長湯是以蘿蔔、紅蘿蔔、里芋、牛蒡、蒟蒻等根菜去炒，再加上豆腐做成的湯。有一說是源自於鎌倉的建長寺，因此稱為「建長湯」，又寫為「卷纖湯」。

在什麼都沒有的廚房，忖度來客之心

磨碎些許材料，煮熟、裝盤

我馬上解釋：「這叫高野豆腐，是一種燉煮料理。」

口譯小姐告訴他這不是湯。

「No，這是很好喝、很好喝的湯。」

威斯克堅稱這一定是湯。可能是因為高湯好喝的緣故吧。難道在劇作家的故鄉，會把這種東西拿來熬製高湯？或者高野豆腐的粗糙口感很像湯底？我聽了很是意外。

「這種豆腐跟其他豆腐不一樣，叫凍豆腐，是北邊地方在極酷寒環境下，以特殊技法製作出來的特殊常備食品。所以，這道菜主要不是嚐湯的味道，而是要讓甜鹹得宜的調味滲透豆腐本身，去品嚐這個味道，湯只是用來燉煮罷了。」

透過口譯小姐說了這些之後。

「No, No, This is soup.」威斯克依然堅持這是湯。

如同大家所知，威斯克寫了許多著名的劇作。特別是他的處女作《廚房》（The Kitchen），將都會餐廳的後廚房完全呈現在舞台上，描繪出在此工作的廚師日常和人生的多重性。都會餐廳的料理因其系統的殘酷扭曲了廚師的人生，是一齣具備獨特觀點的有趣作品。我曾經在紀伊國屋表演廳看過木村光一執導的版本，也知道威斯克成為劇作家前曾當過廚師，但唯有「高野豆腐是湯」的這個說法，我實在無法接受。關於我們的豆腐湯之爭，英國文學家小田島雄志聽了之後覺得很有意思，還在某報紙的專欄分享過這段故事。但不管別人怎麼說，我依然深信高野豆腐的價值可不只是湯底。不過，威斯克臨別時，還是將我送給他當伴手禮的高野豆腐，確實仔細地收進行李中。

「Mr. Mizukami, thank you!」看來他真的很喜歡這個湯底。

說到冬天的食膳，想呈現一點綠意就必須花點工夫。除了涼拌四季豆、軟莢豌豆之外，撒在高野豆腐上的春菊或薺菜葉，也挺有意思。事先泡開的高野豆腐用熱水煮熟，冷卻之後擠乾，細細切成短條，用醋、醬油、砂糖、味醂煮開後放涼，拌入黑麻油，然後加入切成細絲的燙青菜。這配色也很有趣，乾貨搭配上當季土中長出的植物，是饒富意趣的味道。

這些東西也是我在等持院時，從本孝禪師身上學到的。青菜少的季節，撒上青菜點綴可以讓食膳的綠色更醒目。當然，走到寺院院子或草叢裡，或許可以找到甘草類的東西，繁縷、薺菜、七草也長得不錯。將這些採回來之後，有時會用來拌芝麻。量太少的時候，撒在高野豆腐上這招就不太管用。在妙心寺前管長梶浦逸外師的著作中，提到他過去曾經求教於吹毛求疵的師傅，學習精進。其中特別提到，他因大德寺禪師講究「不花錢的精進」，而煞費苦心的故事。

「禪師的做法是什麼都不買，只能用田裡有的馬鈴薯、菜葉等現成的東西。剛開始當隱侍那年，實在很困難。但日子久了，也就習慣了。當隱侍的時間一久，也愈來愈熟練。第二次成為隱侍後，我還立下宏願，蓮藕、馬鈴薯、胡蘿蔔、白蘿蔔等，不管任何食材，在各個季節內，絕對不以相同形式出菜。」

遺憾的是，禪師並沒有一一描述，他在同一個時令中呈現了哪些不同形式的料理。但是，我大致能夠想像。即使禪師不同，但京都禪寺的廚房還有各季節的材料，直到現在也沒有太大的不同。農地永遠既古又新。因此，我十分能夠理解梶浦

装盤的樣子也要一而再、再而三地下工夫

館長的這番話。

「遇到筍子便化身為筍子，遇到松茸便化身為松茸，遇到胡蘿蔔便化身為胡蘿蔔，遇到馬鈴薯便化身為馬鈴薯，遇到白蘿蔔便化身為白蘿蔔，遇到蕪菁便化身為蕪菁。除了瞭解其特有的滋味，單獨味道無以成料理，必須留意發揮彼此的味道，使其融合為一個整體。」

「或將不同品項一起炊煮、涼拌、搗碎、凝固、磨碎、油炸、燉煮、煎烤，加醋、加醬油、加砂糖、加鹽，就像做化學實驗般，嘗試許多不同配方。因著這些嘗試才能做出許多美食，久而久之便自然能瞭解各種味道的特性。」

要達到能自然瞭解味道特性的境界，得花上相當漫長的歲月。被師傅責備、叱罵，或者情況反過來，看到師傅嚐得津津有味，受到稱讚。在這當中，記住每一天的當令料理，在被稱讚過的味道上再下一道工夫，如同字面，持續精進。**不在食材上下工夫，食材就會失去生命**。冬季青菜數量稀少，靠著工夫和巧思，也能呈現令人驚豔的味道。

我孤獨身在輕井澤的廚房，在無人相伴的獨處時間中，試作各種荒唐料理、品嚐味道的一幕幕畫面，讀者看了可能會覺得可笑吧。最近我會用研缽把馬鈴薯磨碎，放在缽裡收進冰箱裡保存。客人來的時候，家裡有小黃瓜就用小黃瓜、有胡蘿蔔就用胡蘿蔔、有白蘿蔔就用白蘿蔔，什麼都行。燙過後，切成短條，混入磨碎的馬鈴薯裡，旁邊放一點美乃滋後，裝盤出菜。客人每每吃得津津有味，一定會這麼對我說：

「現在已經沒有這種費工做的蔬菜沙拉了。不管去哪裡吃，廚師多半只會直接將生菜裝盤……」

也就是說，現在已經很少看到薯泥沙拉。對這種客人，我之後會將蘋果切成骰子狀，撒在沙拉上端出。客人無不瞪圓了眼睛，美味的大口嚼。

我再介紹另一招簡單的工夫吧。將好吃的信州蘋果切成骰子丁狀，萵苣也一樣切好，跟薯泥還有美乃滋一起攪拌。可以放在綠色的萵苣葉上出菜，也可以直接裝在盤子裡，很適合在喝白蘭地之類時搭配，在餐前或餐後吃，都很爽口。

這麼細想下去，例子說也說不完。我自己也不知道這算什麼料理，不知道是西式東式，還是唐朝式或宋朝式。總之，屏氣凝神看著材料、化身為材料，嘗試下點工夫、來點冒險，這種樂趣挺有意思的。有時，料理可能會失敗，但只要邂逅一個好味道，就表示自己的菜單上又增加了一道。這些事情用嘴巴來傳授也很無趣，有些精彩的風味產生自當下的意外，讀者親身嘗試後，究竟能不能做出跟我一樣的味道，那可就恕難保證了。但不親手做，是永遠不會知道答案的。念頭一起，便一個人偷偷嘗試，就算失敗，也只消自己一個人默默難受就行了。

《典座教訓》裡有一段有趣的故事。道元禪師在中國的慶元府搭船時，遇見一位年約六十的老僧，他看到這位老僧在船中購買了日本產的香菇。一問之下，才知道對方是育王山的典座。沒想到都已經六十歲，還得在廚房當差。令禪師感動的是，由育王山至此船有三十四、五里路程。老僧為了買香菇，一步一步跋涉至此。

豆皮甘煮

煮高野豆腐

山僧云：「寺裡何無同事者理會齋粥乎，典座一位不在，有什麼缺闕。」

座云：「吾老年掌此職，乃耄及之辦道也，何以可讓他乎，又來時未請一夜宿暇。」

山僧又問典座：「座尊年，何不坐禪辦道，看古人話頭，煩充典座，只管作務，有甚好事。」

座大笑云：「外國好人，未了得辦道，未知得文字在。」

山僧聞他恁地話，忽然發慚驚心，便問他：「如何是文字，如何是辦道。」

座云：「若不蹉過問處，豈非其人也。」「若未了得，他時後日，到育王山，一番商量文字道理去在。」

內容有點難，依照慣例，用我的方式來為各位解讀。道元禪師見到這位老僧十分驚訝，遂問道：

「寺院裡應該有多位同樣職務的人，為什麼不讓其他人來呢？」

典座回答：「我到了這個年紀才開始執掌這個工作，這正是所謂老來的修行場。為何要讓給他人？來到這裡之前，我沒能有一晚住宿休息。」

「像您這樣的年紀，為何不坐禪辯道，思考公案？明明可以放下這些煩雜瑣事啊。廚房雜事等等，有何趣味？」

典座聽了大笑。

「你是外國人，所以對辯道一無所知，對文字也一無所知。」

「什麼是文字？什麼是辯道？」

「假如現在得過且過之處，不再得過且過，那麼就能知文字、知辯道。如果還是無法理解，你找一天到育王山來吧，我慢慢為你講述每個文字中的道理。」

說著，老僧很快下船回到山裡去。三十四里的路途，未曾一宿，就此踏上歸途。寺院裡，還有廚房工作在等著他。年輕的道元帶著什麼樣的心情，目送那位扛著香菇漸漸走遠的老僧呢？文中，便記載了他當時的感動。

這位典座的話語，對前往中國求學、修行的道元來說，或許猶如一記鐵鎚敲下，成為銘心之訓。

我想像這位儘管得走上三十四里路也要去買香菇的僧人，澈底成為廚人的境界。成為廚人，沉浸在料理中，自然可以開啟通往文字、通往修行之道。如此一來，在空無一物的廚房中，思忖來客之心，用僅有的一些材料，或磨、或煮，拌上醋，花心思裝盤等等行為，不也與大學所學的哲學之庭有幾分相似？辯道和文字，都在於此。

不過，這又讓我忽然聯想起，有些老愛從料理中找出話語還寫成書的廚師。其實，想到現在正寫著這些文字的自己，我有些難為情。在廚房裡強說道理，應屬下下之流。現在經常可以看到這種人。只要能安靜地、專注地料理，就行了。高談闊論了一番，最後卻做出難吃的東西，豈不丟臉？畢竟飯是拿來吃的，不是用來爭比道理或知識的。

四月之章

初春時節是山菜的寶庫，很能體會到住在輕井澤的好。附近的別墅區有座山谷，流過一條清淺小河。拖油瓶似跟在淺間山後頭的離山，龐然坐鎮在靠近舊輕井澤這一側，雨水匯聚於宛如銳利小刀在山間剜出的山谷中，盛夏時這裡的水清澈無比。再也沒有比穿上橡膠長靴去採水芹的日子更加開心的了。帶著一個挖泥鰍用的竹篩下水，堤石鬆垮的河岸邊，野菊、水芹都張開鮮嫩亮綠的葉片在等待。這個季節還有楤芽、金合歡、蕨、蘘荷嫩薑、里芋莖、土當歸、五葉木通藤蔓、艾草、嫩野薇等，我家周圍響起一片沉眠了整個冬天的泥土聲，猶如祭典般熱鬧。將收成的山菜帶回廚房，仔細抖掉泥土、用水清洗後，更能感覺到各具個性的草芽之珍貴，不覺湧出一股憐惜。一把艾草嫩葉、水芹的葉子，都能讓我泫然落淚。

寫這些東西可能會被讀者笑話，這我早有心理準備，都市人可能會說：「不就是區區艾草葉嗎？」沒有忍受過酷寒嚴冬、苦等春天到來的人，自然流不出這種淚水。此時的河水還凜冽刺骨，寒意穿透了橡膠長靴，刺痛雙腿的肌膚。腳下踩出刷啦嘩啦的聲響，踏水尋去，水草邊忽見一大片水芹，這光景實在令人感動。它們待在跟去年一樣的地方，等著我來。割下後在廚房清洗，高原凍土泡入溫暖水中，冰融、土融，這些吸收了養分的萌芽草葉，煥發出生命的強韌與美麗，填滿了我的心。會覺得憐惜、想掉淚，也是人之常情吧。跟土和草都無緣的荒寥都市人，想必體會不到這種喜悅。正因為如此，人們才會奮力呼喊著想要土壤吧？

聽說有位老太太在公寓陽台放上花盆種芹菜，我曾經去拜訪過她。發芽那天，老太太看著拇指指尖大小的葉片，流下了淚水。你捨得笑她嗎？住在高原上，當春天到來，聽到四周土壤冒出樹木和草葉新芽的歌聲時，我沒有一天不感到幸福。心裡除了感謝、還是感謝。天氣沒那麼嚴酷後，從東京來的客人也變多了。準備這些山菜讓我忙了起來。首先會依照下面的要領，一如往常，盡量不花時間，迅速俐落地處理。

將院子裡的五葉木通藤蔓切成段，用草木灰鹼濾出的灰汁水仔細汆燙過後，泡水去除澀味，然後沾高湯汁吃，旁邊佐上一些薑絲，風味絕佳。

楤芽最適合拿來做炸天婦羅。我會在粉中撒上一點砂糖，因為單純炸雖然好吃，卻少了些甘味，不過太甜不行，關鍵就在於調味的拿捏。

炸東西時可以順便炸點昆布，放在旁邊搭配，更添趣味。將乾燥昆布用剪刀剪成四角形，一樣快速炸過，炸過頭可能會變苦。以前在寺裡我經常吃，所以記得很清楚，那叫蛇腹昆布，上面有皺摺，味道很好，應該是妙心寺的吧。但不只是妙心寺，任何禪寺的前菜都很有可能出現這種炸昆布。

將蕨充分去澀味後，可以跟炸豆皮一起煮，如果夠嫩，不妨拿來做涼拌菜。跟炸豆皮一起煮時，以昆布高湯為底，別煮得太糊爛，做涼拌菜的話可以搗碎些芝麻撒在上面。芝麻不夠多可能會覺得有苦味，最近遇到這種情況，我也會加點甘味。喜歡鹹口味的話當然最好別放。

嫩野蕨拌芝麻也一樣。去除較硬的莖後，可以用鹽水燙過，再撒上大量黑芝麻。比起蕨，跟炸豆皮一起燉煮更能展現出嫩野蕨的美味，這是只有這個季節才能嚐到的滋味。也可以當作味噌的湯料。

水芹和艾草可以拿來作蔬菜天婦羅，或者點綴在湯品上，也適合煮味噌湯，跟

眾家山菜的春之祭典

土當歸一樣很適合做涼拌菜。

住在松戶的朋友片桐一磨，每年都會回故鄉高田去採山菜，此時他會順路開車繞來我家。高田鄉下的土當歸、蕨跟我們這裡的風味稍有不同，相當有意思。特別是蕨，高田的蕨跟輕井澤的很不一樣，很細，跟韭菜一樣細嫩，稍燙一下跟炸豆皮一起煮，讓人忍不住唇齒生津。

摘採這些自由生長在山間水邊的嫩芽時，楤芽的針刺總讓我覺得很不可思議。這麼好吃的嫩芽，為什麼會被那種可怕的針刺包圍呢？真叫人難以理解。很多楤木都幾乎與人同高，要摘嫩芽時不得不彎繞樹枝。將樹枝往自己身前拉時，穿透手套的堅硬針刺實在惱人。這果然是男人的活，女人的手應該難以承受。當四處冒出新芽時，偶爾可以看見小鳥去啄新芽的景象，但是從來不見小鳥來到楤芽附近，由此可見應該是楤木討厭鳥類的習性才演化出此類針刺。彷彿就連針刺有其意志，只願讓楤芽成為人類口中絕佳的時令天婦羅，比起前文提到的憐惜之情，這更讓人感受到大自然的奧妙。

涼拌五葉木通藤蔓

我這房子還在施工的期間，從佐久町請來的工匠坐在焚火堆前吃午餐，我從旁偷偷窺探，看到了一個奇妙的景象。他用紙將某個東西包起來烤，我問他那是什麼，他告訴我：「楤芽這樣吃最棒了。」

休息時他會進山裡，割下看來好吃的楤芽，用濕紙包起來仔細烤過，沾點隨身攜帶的味噌放在米飯上。看到一陣陣冉冉升起的白色水蒸氣，忍不住直冒口水。這或許就是楤芽的醍醐味。

我跟著當木匠的父親生活到九歲，住在若狹山谷的小村子裡，父親跟這位從佐久町來的工匠一樣，會帶著便當到業主家中，偶爾也會進山裡幫忙鋸木材。當年不比現在，還沒有電鋸可用，在工作現場可以看到許多露出切口、淌著樹膠的巨木，鋸木頭時用的是半圓型的大鋸子，父親總會席地而坐，將圓木墊在巨木下，慢慢地鋸。這小屋也有焚火堆，到飯點時父親會走進附近山中，約莫過了三十分鐘左右，帶回一堆草葉、菇菌類，靠近火堆烤來吃。便當盒裡只放了味噌和鹽還有米飯。進了山中就能採到拿來當配菜的食材，什麼也不需要帶。

烹調是我一天當中極重要的時間

嫩野蕨拌芝麻

我沒看過父親將楤芽包在濕紙中烤，但是卻看過他熟練地剝開土當歸，沾味噌吃的樣子。若狹和信州的工匠之道應該沒什麼差別，鋸木工跟工匠都具備走進山中，尋找山中珍貴草木來吃的智慧。我父親也沒有營養失調。鋸木工或工匠都是面對巨木的粗重工作，需要極高熱量。結實的胸板，如鐵的手臂。父親八十五年的生涯始終堅守現場，在這些工作環境中享受山珍之樂，我不禁想，假如回顧他的人生，或許可以集結為一本料理讀本。

但小時候的我，看到父親用火烤這些東西吃只覺得他奇怪，也不知為什麼，明明是窮人家的孩子，依然覺得這是件丟臉的事。其他工匠都帶來裝了鮭魚、沙丁魚等等花錢的菜色，只有父親拿土當歸沾味噌、大口啃著花椒嫩葉，那樣子讓我覺得很不堪。直到今天都還記得那種心情，真是奇妙。從那個時代開始，我們窮人家的孩子就瞧不起土裡生長的珍貴山菜，對都市化的人工食品懷抱憧憬。舉個簡單的例子，我老家離海很近，像鯛魚、馬頭魚、鰈魚這類上等魚，都不會留在地方上，而是直接送上京都、大阪的有錢人家餐桌，我們若狹的人則會把連貓都不想多看一眼的沙丁魚或賣剩的鯖魚拿來醃漬，做成醃魚吃，冬天也會儲存起來常備，作為便當菜。所以大家無不急著想出人頭地，晉升為能吃上等魚的身分。而我父親的便當裡卻連這種醃魚都沒有。其他工匠的便當都散發出醃魚的香氣，可是父親卻不屑一顧，逕自走進山中。

我現在在輕井澤有房子，一到春天，就能夠盡情品嚐這些山菜，但猛一回神，總覺得過世的父親好像從地下在向我叨念。

「你這蠢傢伙，淨寫些理所當然的事情賺錢。」他在狠狠批評我這篇文章。

父親還在的時代，山野間充滿著能吃的果實和蕈菇、草葉。父親沒有看過像今天這樣河川髒污、山壁裸露的乾燥季節。他正用不可思議的視線，看著現在面對一株株山菜流著眼淚的我。

關於這一點，雖然聽起來有點說教意味，不過道元的《典座教訓》裡有一節很有意思。

調辨供養物色之術，不論物細、不論物麤，深生真實心，敬重心為詮要。不見麼，漿水一鉢，也供十號兮，自得老婆生前之妙功德，菴羅半果，也捨一寺兮。能萌育王最後之大善根，授記莂感大果。雖佛之緣，多虛不如少實。是人之行也。所謂調醍醐味，未必為上，調莆菜羹，未必為下。捧莆菜擇莆菜之時，真心、誠心、淨潔心，可準醍醐味。所以者何，朝宗于佛法清淨大海眾之時，不見醍醐味，不存莆菜味，唯一大海味而已。況復長道芽，養聖胎之事，醍醐與莆菜，一如無二如也。有比丘口如竈之先言，不可不知。可想莆菜能養聖胎，能長道芽。不可為賤，不可為輕。人天之導師，可為莆菜之化益者也。

道元禪師說，烹調、準備供養他人的食物之心態，不應有食材高級或粗鄙之別。就算是一鉢淘米水，帶著誠心供養給釋尊的老嫗，在世時即可從如來菩薩獲得活出福德圓滿之道的功德。阿育王臨終時，手上只有半顆芒果，但因他帶著真心喜捨給寺廟，因而獲得最後大善根。就算是貧瘠之物、微小之物，只要有真心誠意，就是偉大豐富的食物。此乃為人之道。

就算做出世間所謂「醍醐味」的奢侈菜色，也不見得表示高級。料理簡單的菜葉，也不見得一定乏味。**執起粗菜、挑選粗菜時，必須帶著真實心、誠心、清心，以料理醍醐味時一樣的心境來處理。**因為住在佛法清淨大海的寺廟中之大眾，皆為清淨。大眾接受供養時，不會區分醍醐味或者粗菜，一切皆為三寶供養之一大海味。要培養道心之芽、佛性種子，不能區分醍醐或粗菜。「比丘之口就像大灶一樣，什麼都會吃進去」古人這句話就是這個意思。不能因為認為菜葉粗賤繼而輕看。身為人間界、天上界導師者，必須以粗菜教化人，予人利益。

基於這樣的解釋，一個平凡無奇的工匠、鋸木工人，受到村人些許輕蔑，夏天只繫著兜檔布工作的父親，在便當裡只裝了味噌入山，採些山菜當作配菜大嚼的行為，彷彿真正體現了何謂醍醐味。我自以為聰明地偷看別人便當、同情父親，都是因為太過凡愚。無論沙丁魚或鯛魚，土當歸、楤芽，用真心的舌頭嚐來都是同樣的味道，何能輕蔑？

凡愚如我，五十九歲才參悟道元禪師之言

讀者聽了可能要笑話，此時我手持菜刀、清洗水芹、搗著芝麻，想起了在八十五歲結束他與山為伍、粗食一生的父親。對於讓我產生這些心情的山中菜葉，不覺想合掌感激。

道元禪師是個很特別的人。閱讀《典座教訓》時讓我極有共鳴，而這些我們一天不得不進行三回或者兩回的麻煩儀式，也就是為了吃而進行烹調的時間，正是與一個人一切生活習習相關的大事。

或許有人要說，這禪師也未免太誇張。確實，我有時也不免這麼想，不過人一旦起了這個念頭，是否表示已把飲食這件事交予他人之手？**當我們習慣了由他人烹調、由他人提供的餐飲，似乎也與用心製作的時間、內在重要的思想漸行漸遠。**

可笑的是，我們將年邁父母留在人口稀少的故鄉，自己卻在都市的巷弄中尋找所謂「老媽的味道」。進到文教區中林立的「老媽的店」用餐的，都是些已經忘了這重要道理的孩子，實在諷刺。道元禪師所謂的重要道理，只有我們自己動手烹調時才能體悟，打動我的正是這一點，難道不是嗎？九歲與父親分別，現在五十九

有朋自遠方來

歲、住在輕井澤的我，能透過什麼來與父親相連？食物豈非一道捷徑。穿著橡膠長靴信步去採水芹的日子固然愉快，背後卻隱藏著這樣的心緒。

金合歡樹林在輕井澤的沼地長得特別茂密。我住的南丘一帶長著不少白樺，也有許多金合歡，一到春天，樹梢會綻放白色的花朵。一天，我看著盛開的花，十分感動，正出神仰望那長著猶如幼蟬輕透雙翼的樹葉梢頭（當時我人在高爾夫場上），一位上了年紀的桿弟對我說：

「那個摘下來做成炸天婦羅很好吃喔。」

「那種東西能吃嗎？」

「我們都很愛吃啊，你嚐一次看看。」

一問之下才知道，當地人都會拿來當素食炸物的材料。於是回家後，我拜託木工師傅架了梯子，摘下這些花。拿在手中摸起來有點柔韌的硬度，薄薄的花瓣滿溢生氣，似乎吸取了盛放金合歡最多的養分。口水漸漸分泌。我試著拿來炸。跟炸水芹一樣快速炸過，竟也發現其中潛藏的醍醐味。我將這向天伸展的樹梢吃下肚，舌尖美味滿布。

這正是禪師所謂莆菜亦是醍醐味的實踐，讀著《典座教訓》，我們的父母親似乎都如禪師所言，透過食物與土地握手，貧農山村中，人們在工作中發展出的各種智慧，也剛好印證了這本千年暢銷書的道理。在今日都市化、人工化的超市中，要從不考慮時令的眾多食品中繼承這樣的精神，似是前所未有地困難，不過即使是都市人，當然也跟我一樣，感受著類似的季節遞嬗，我們的根柢末端有父母和曾生活過的老家，在那裡嚐過的小菜味道，理應都還留在記憶中。

禪宗說得好，一所不住。真正的高僧在任何地方都能發現極樂，無論是酷寒山中，或者文明的都會，無處不是居所。隨所作主，自己可以成為每個地方的主人。深入了解這種思想後，就會知道即使裝在超市塑膠袋裡的芹菜，也有它的故鄉，楤芽和鵝腸菜也不例外。都市人接觸這些青菜時，也品嚐到了故鄉土壤的味道。不在山中，不代表無法嚐到土壤的滋味。任何地方都好，只要一道菜中灌注了烹調者的精神，舉起筷，一樣能神遊到遙遠青森故里。

五月之章

筍子的季節來了。輕井澤竹子很少，我家的筍多半都是佐久市的工匠送來，或者從東京家裡的庭院寄來。

筍子最好的吃法就是跟海帶芽一起燉煮。切掉筍尖和根部，用淘米水或加了一小把米糠和少許紅辣椒的水煮熟，當我用竹籤刺穿觀察熟度時，撲鼻而來的筍香真是難以言喻。五月竹子長久蟄伏在土壤中的生命力在熱水中滾滾沸騰，土地孕育的生命精華化為翻湧的泡沫。

煮熟的筍從根部開始切成約一公分厚的圓片，放進昆布高湯裡，加進醬油、砂糖煮至濃稠。起鍋前加入海帶芽，還可以放上山椒葉裝飾，裝在朱紅碗中端出，朱紅色更襯出竹筍的奶油白，海帶芽看來猶如新葉般鮮嫩。光是看著，就覺得滿口生津。較軟的筍尖可以做成嫩筍湯，吃膩了海帶芽也可以搭嫩薑，將較軟的部位切成短條來炒，另外還可以涼拌，不過其中我最喜歡的就是跟薑一起炒。去除澀味後的甘甜跟薑的辛辣出奇地很搭，撒在飯上能叫我吃上好幾碗。

吃筍時我總會想，我與竹子相伴的日子還真不少。

寒冷之地，與筍子相遇的喜悅

我出生的若狹老家包圍在一片孟宗竹中，雖然那並不是自家林地。老家位於山腳下，在租來的土地上蓋了木屋，我是聽著周圍沙沙竹葉聲長大的。冬天時周圍的竹子被雪壓彎，有時還會倒在房頂上，形成一條隧道，但地主是個很吝嗇的人，哪怕砍了一根竹子也會被斥罵，因此房子最好的南面和東面方位是一大片森林般的茂密竹林，到了產季，就只能眼睜睜看著筍子像地球的青春痘一樣簇擁而出。到了產季，地主會扛著鋤頭過來，從我家界線附近開始挖筍，裝好滿滿一背簍，離走前會抽一、兩根給我母親，說道：「給孩子們吃吧。」

那是我這輩子第一次吃的筍子，記得母親也是跟海帶芽或昆布一起煮。母親煮筍子炊飯的日子我特別開心，這少量的贈禮如果讓家裡五個孩子狼吞虎嚥，一餐馬上就會吃得精光。我永遠不會忘記，五月時不管打開哪扇門窗，明明放眼望去整片竹林長滿了筍，我們卻只能乾嚥口水、眼巴巴望著那片他人竹林的景象。

九歲時我去了京都，在我成為小僧的相國寺瑞春院，竟然也被孟宗竹筍包圍。和尚一到五月一樣會拿起鋤頭，跟我一起挖筍。

「已經露出地面的就太硬了。」和尚這麼對我說。

也就是說，要挑那頭部將露而未露的，才是最適口的筍子。去年的落葉堆積在林中，走在裡面，土壤軟到連小孩子的腳也會陷進去。筍尖會從這些腐葉土中龜裂的隙縫，像長草一樣微微鑽出頭來。我們會在較遠處、大約距離一尺的地方下鋤，用力壓下鋤柄，接著會看到肥大的筍子隨著唧唧聲現身，露出地面的部分是土色、埋在土裡的是奶油白色。筍子根部有許多顆粒，像成排的小豆子，還有柔軟的細根往八方伸展。

和尚要我在竹林裡剝皮，這樣可以省掉帶回廚房剝皮還得再費事丟棄的力氣。「這可以當肥料呢。」這句話是和尚的口頭禪。筍皮腐爛後可以作為肥料。

住在京都時，因為竹林屬於寺裡所有，所以五月到六月之間我幾乎天天都能吃到筍。和尚教我的竹筍料理主要有加上海帶芽煮、放進味噌湯、清湯，或者和里芋還有其他食材一起燉煮，以前在鄉下只能看不能吃的筍子，現在可以盡情飽食，實在太開心了。

和尚交代我去施肥。寺院有兩處庫院，書院一處、本堂一處，總共四間廁所，即使僧侶人數不多，舉辦法事或喪禮時也會有來客，清理起來很是忙碌。有時也會倒在菜園裡，不過多半都得平均地灑在孟宗竹林地面上。灑得不平均會被和尚責罵。當時年紀小，裝了半桶已經覺得很重，於是偷懶丟在入口處就回來了。和尚說：「這樣一來，以後只有這裡會長筍子。」

和尚說，為了維持竹林裡的竹子平均生長，施肥也得平均分散各處。十歲左右的我很討厭這挑肥的活，但是一想到產季到時可以盡情吃筍，我也清楚知道為了吃，還是需要肥料。

說到我老家周圍的竹林，偶爾地主也會來灑肥料，這時母親總會關上門。周圍飄來其他人的糞便味道，真是叫人難以忍受。

不過在京都的寺院庭園很寬廣，竹林距離也很遠，味道不會傳到庫院來。

我又想起在老家筍會長得比我還高，自行褪皮，掉得滿地都是，地主會要求我去撿這些筍皮。落在地上的新竹皮還未乾縮，將這些一片一片疊起來，每一百張綁

筍子煮海帶芽、豌豆飯、嫩筍湯

起來交給地主，就能換取一些工資。城裡的肉販會來地主家買這些竹皮。後來我才知道這些竹皮可以用來包肉，但小時候我不進城，也從沒看過賣肉的地方，對這些一無所知。地主還經常在生得茂密的竹子中挑幾棵砍下，賣給城裡的建材商。不過有一天，父親趁地主不在的時候進了竹林裡，偷偷摸摸砍回一段可以做成尺八[11]的真竹。父親喜歡手工藝，特別擅長製作尺八。地主很喜歡父親做的尺八，就將它帶回去了。

在寺院裡，孟宗竹筍長大後，緊接著便輪到真竹熱鬧的季節，真竹比較細，長出來的筍跟孟宗相比也更硬一些，不過和尚們會將真竹的竹筍切了當成味噌湯料。等到真竹季節結束，還有一種長在庭院邊界處不知其名的細竹子，那裡會長出約莫小孩手指粗的竹筍，我們也會挖出來吃。庭院裡的竹子會侵入檜葉金髮苔之中，都得澈底吃完才行。

筍薑拌炒

11 編註：為木製樂器，原產於中國，後傳入日本，多以竹子製成，與洞簫形似，因其管長一尺八寸而得名。

前面寫了很多關於竹林的回憶，其實當我在輕井澤的廚房裡獨自煮著筍時，盤據在腦海中的是二十多歲之前，我在禪寺的生活和與筍的關係。除了寺院，大概沒有其他地方能如此精進嚐筍。我腦中還有許多關於老家那片他人竹林的回憶，不過對我來說，即使是佐久送來的筍，一放進嘴裡總是讓我有許多感觸。

我在東京成城家中院子裡，正確來說是玄關到大門這條小道旁種下孟宗竹，也是因為希望等竹子長大後能吃到屬於自己的筍子。種下竹子後過了二十多年，起初是從園藝師傅那裡分了幾根種下，沒想到那寥寥幾根後來成了上百根，每年長出的筍愈來愈多，成為太太很討厭蚊蟲窩藪的茂密竹林。另外，竹子還會四處冒頭，甚至頂起庭石，還入侵鄰居的庭園，因此我趁著將書房搬到輕井澤時，將竹子幾乎砍個精光，現在院子裡只剩下二十棵左右。我太太覺得，蔬果店賣的筍子比蚊蟲窩藪長出來的筍更好吃。

有過在老家的經驗，其實就算整個庭院草木蔓生我也無所謂，因此我們夫妻倆經常為這件事起爭執，但總不能因為對竹子的偏好而離婚，所以我只能看著院子裡

涼拌土當歸

變得稀疏的竹子，默默忍耐。

另外，我也不能忍受太太毫不吝惜地砍掉庭院裡的竹子，每當朋友搬新家，就拜託他們拿些竹子走。朋友們都很高興收下，不過最近運送跟移植也都不是一筆小費用，於是我也不能像以前那樣隨意送人，但是看到自己種的竹子能在其他人家長大，還是挺開心的。多年執導我作品的「文學座」劇團木村光一導演搬到善福寺那天，我送了他幾根竹子，十年後，木村家院子裡的竹子已經遠比我家庭院更茂盛。竹子的根極為強韌，繁殖力比任何植栽都來得旺盛，若放著不管，一轉眼就像叢林一樣。幸好木村先生喜歡竹筍，我還在輕井澤煮著佐久送來的竹筍時，他在產季較早的東京可能早已吃過了。

我一邊回憶、想像這些事，一邊面對輕井澤孤獨的餐桌，吃著自己煮的佐久竹筍。

赤坂有間叫「水月」的餐館，本來是「若林」的分店。老闆娘蓋這間「水月」時，希望我給她一些院裡的竹子。我當然一口答應，將竹子交給她派來的園藝師傳，而現在那些竹子已經在赤坂的土地上，成為讓來客賞心悅目的風景。我猜想可能又增加了幾根，長到得砍掉一大部分的階段了。最近、其實也不過就前幾天的事，松竹的勝先生（譯註：勝忠男）約我和木村先生討論《雁之寺》的上映細節，地點就在「水月」。坐在和室裡眺望庭院，眼前我家竹子的兄弟們，生長得極美。

「那些跟你家的竹子應該算兄弟吧。」

木村先生一聽相當驚訝。我嚼著筍子，回想起這件往事。貓狗吃筍時不會想到這些事，人真是一種奇妙的動物，除了筍子入口的味覺之外，還會同時打開漫漫歲月的抽屜，咀嚼起這些回憶。我們當然也可以說，這就是品嚐土中生長作物的樂趣，食物一旦放進口中就會深深潛入人的內心，穿梭在時光中，土地的羈絆總會與味覺牽纏糾結。或許這也是一種醍醐味吧。

大久保恆次的《美味歲時記》（朝日新聞社刊）裡有這麼一段話。

「我們都認為孟宗竹是種好竹子，但這種竹子是元文元年（一七三六年）從中國傳至九州的鹿兒島，之後慢慢擴及到東日本。這種竹子在中國因為竹皮上有毛，被稱為毛筍，又因多長在揚子江以南，稱為江南竹。還有一種傳說，二十四孝其中之一的孟宗為了討母親歡心，在寒冬中進入竹林找筍子，最後成功挖到了上天賞賜給他的筍子，因此這種竹子後來以孟宗竹之名傳世。總之，大家都認為這是最好吃的筍。然而在最初種植這種竹的鹿兒島，素有『大虎淡孟』的竹子排序一說。大指的是大名竹、寒山竹，虎是虎山竹，淡指淡竹，孟則是孟宗竹。也就是說在鹿兒島，孟宗竹只能排得上第四名。而竹子專家認為，東北地方的根曲竹味道一點也不輸給大名竹。」

原來筍子從中國傳入，在日本以鹿兒島為發源地，但沒想到中國覺得最好吃的孟宗竹筍，味道在鹿兒島卻只能排名第四，還真是有意思。這可能是因為中國人和日本人口味不同，我目前還沒嘗過大名竹、虎山竹、淡竹這些竹筍的味道。在京都瑞春院庭院中，那些因為入侵檜葉金髮苔而被我們吃光的細竹（看起來幾乎跟赤竹

思考著孕育生命、奇妙的土壤

祈禱今年夏天我家菜園的豐穰——

一樣）長得很像布袋竹，我覺得有可能就是虎山竹，但是這種筍中間的芯較硬，不管煮多久都覺得像是在吃細竹，雖然甘甜，但印象中味道並不太好。當然，畢竟是小時候的記憶，印象已經有些模糊，不過我又想起一件事。孟宗竹會不會是在鹿兒島當令竹筍中最早出現的（還得詳查才能確定）？五月一到，不管在我老家或者京都，最先冒出頭來的都是孟宗竹，個頭長得也大，切成圓片後大到足以塞滿整個碗，總之味道很好。在中國可能會告訴你最佳的品嚐時節可遇不可求，但印象中都是先吃過孟宗竹之後才吃到真竹或其他細竹，等這些筍出現在市場上一定都已經錯過時令。不管它們再怎麼好吃，也只是引人對最初嚐到的孟宗竹細嫩口感念念不忘。我依然認為孟宗竹是最好吃的，不過如果恰巧遇上當令的真竹，或許也會跟鹿兒島人一樣，認為這才是最美味的筍子吧。

由於我天天吃筍（錯過時令、都變得粗硬了），現在擔心肚子裡可能要長出一片「竹林」來。哈哈。每天搭配黃豆一起煮來吃，感覺自己就像隻鴿子。

這是奇行俳人尾崎放哉寫給荻原井泉水的信中一節。當時他寄居在離我老家很近的小濱常高寺，若狹正值真竹的產季，和尚每天煮味噌湯都會放入筍子。尾崎放哉天天吃真竹，似乎吃到有些苦惱，對放哉來說，錯過了季節的真竹應該並不美味。我不禁要想，假如是細嫩孟宗的季節，他可能就不會寫下這些話了吧。

話說大久保所提及中國傳說中的孟宗竹，故事中孝子在嚴冬時期找到的筍，究竟是什麼筍呢？既然名為孟宗，應該就是日本所謂的孟宗沒錯，在我印象中，雖然不算嚴冬，確實也曾經在產季以外的時間，看過竹林裡地面出現龜裂，只見一根筍子在颯颯寒風下從那裂縫中揚起頭，瑟縮著身體。可能是因為根生長的狀況，讓這根筍子落後同伴、此時才發芽。小時候看了這筍子我心想，一定是因為外面太冷，雖然想抬頭還是又縮了回去，假如這時再覆上不合時季的雪，就成了「冬筍」。孟宗當時看到筍子將其視為天賜，叩拜領受後給母親吃，但我聽了這故事其實有點羨慕，原來孟宗家裡有自己的竹林啊。

這個月花了太多時間寫竹林和筍子，完全沒寫到我煮給客人的豌豆飯、涼拌土當歸等等。這些跟筍子相比，能寫的東西確實也比較少。

涼拌土當歸時會削掉稍厚的皮，這是為了去掉苦味，假如一開始先泡水，之後放進篩網中將水瀝乾淨，然後在熱水裡加一點醋，煮過後放進土當歸煮，煮出來的土當歸看起來會更白。豌豆飯本身的美味當然沒話說，如果再搭配上嫩筍湯，就好像把整個五月放進自己口中一樣。

五月的輕井澤農活可不少。一邊吃著筍子、土當歸，一邊得著手準備夏天茄子、小黃瓜、花豆、玉米、辣椒、夏季白蘿蔔等植物的播種或者移植。種下三度豆、花豆時，必須特別注意鴿子。輕井澤山裡的鴿子非常清楚豆子播種的時間，總會藏在某處伺機而動。撒完種子趁我回書房的空檔，這些鴿子就會到田裡來，不管種子埋得多深，牠們都有辦法確實挖出來吃。這時我會先拿竹竿，搗一搗周圍所有的樹來威嚇鴿子，一直搗到樹頂，然後趁這時候快速播種。記得應該是去年吧，我看一直很期待的三度豆遲遲沒長出來，翻開土來查看，發現之前撒的豆子竟然一粒也沒剩，這才知道都是山鴿搞的鬼。

一邊跟山鴿吵架一邊種豆，也是山中生活的醍醐味，等到收成之日到來，心中會滿懷期待，也是因為有過這樣的回憶。

六月之章

梅子季節到了。這個月是醃漬常備梅乾的時節，有些醃成脆青梅、有些會慢慢熬煮到飽滿收汁。我很喜歡梅乾，每年都會醃，來輕井澤四年，現在已經有了五、六甕分別醃漬不同地方的梅子，都是模仿少年時期看過的和尚作法醃的，味道非常好。京都的月瀨梅、湯河原的小田原梅，還有輕井澤的松井田梅，每年到了這個月分都很期待能收到或者去買這些梅子。

相國寺瑞春院的梅園裡梅樹種類很多。現在在院裡散步，偶爾還會看到結實累累的果實從牆內往外溢到路上。禪師松庵和尚每年都會採梅子來醃漬，還是小僧的我也會在一旁幫忙。菜園裡特別為了醃梅子種了紫蘇，紫紅色葉子仔細洗乾淨後，用鹽搓揉，黑紫色的汁滲出後會沾染指尖，顏色好幾天都洗不掉，還記得在學校常被同學取笑。我從十歲左右開始，每年一到六月梅子成熟期，都會花很多功夫去製作梅乾。

小時候學習的東西，像是般若心經或觀音經都已經深深烙印在腦中，還俗後的現在，儘管已經過了將近五十年，念起經文還是像開口唱民謠枯草哀歌一樣，信手

將鹽巴和梅子輪流放進醃漬瓶裡

捻來。講到醃梅乾，如果說我已經自成一派，聽起來很像在自誇，但我確實澈底學會了松庵和尚的醃法。

和尚說過，梅子得淋過梅雨才行。我不明白這樣做的好處在哪裡，不過京都一帶梅雨還沒來時，梅子的確還帶點黃色，未到適合醃漬的時候。首先，得把收成的梅子洗乾淨，泡在水裡一整晚。和尚說，這是為了去除澀味，也比較容易去籽。泡在水中時，黃色會愈來愈深。瀝乾水分後，用布巾一顆一顆擦乾，根據梅子的分量，大約抓百分之二十左右的鹽吧——不過我多半憑手感，也很難說出準確數量——將鹽跟梅子輪流放進醃漬瓶裡。緊緊蓋好蓋子，放四、五天後水位會上升，這就是寺院裡所說的白梅醋。此時紅紫蘇還沒長出來，我們靜待菜園的狀況，醃漬瓶先放著不管，可能得等上三、四週。

七月初，紅紫蘇葉長大了。摘下葉子，洗淨後用鹽搓揉，倒掉第一次出現的澀汁。第二次開始稍微取出一點梅醋，一邊攪拌一邊搓揉。紫蘇釋出矢車菊色素，出現鮮紅汁液，這就是所謂的紅梅醋。松庵和尚把這紅汁另外裝進一升瓶，作為夏天

梅乾的生命比人的生命更長。
梅乾誕生的瞬間

的飲料，加入糖和冰水攪拌供客人飲用，但我這個小僧可沒得喝。接著將揉好的葉子攤放在梅子上，放回梅子醋，用力塞緊蓋子，一直醃到土用之日。

土用之日到來時，挑個晴天將果實放在竹篩網上曬乾，這時要注意別讓梅子相疊。晚上也不收回，繼續曬。

和尚說：「梅子喜歡晚上的露水。」梅子滴到晚上的露水後會變得更軟。去年我依照和尚吩咐，將梅子放在屋外，結果晚上下起雨，將梅子都淋濕了。鹽分流失之後，梅子很快會發霉，我們只好一顆一顆用梅醋洗過後再次曬乾。

曬的過程中梅子漸漸變皺，顏色也曬深了。接著再把梅子和紫蘇葉交替放入原本的瓶中，加進紅梅醋，確實蓋好瓶蓋。步驟大致是這樣，這方法似乎人人都懂，和尚的手法也稍顯粗暴，但可能因為梅子本身夠好，醃出來的梅乾很好吃。我醃的梅子大約半年後可以開始吃，客人們都嚐得很盡興，像木村光一夫人，每次一進我家門就會高喊「梅乾呢」，專程來我家吃這個。

松庵和尚用褐色的甕來醃梅乾。他在甕上貼著寫了年分和日期的和紙，放進土倉裡存放。土倉裡大概排放著五十個甕，從年分舊的開始依序吃。禪宗不能沒有梅乾，這是種克難食品，也能作為藥用，被視為貴重食材儲存在收納佛具的土倉樓梯下方。

醃脆梅的方法是跟信州人學的，其實就是用砂糖醃青梅，有人也管它叫甘露漬。挑選還保有硬度的青色梅子，一樣泡在水中四、五個小時去澀味，然後放在板子上，灑上鹽，用木板壓住同時滾動，種籽就會被壓出來。仔細瀝乾後，我會加入差不多分量的冰糖放進瓶子、蓋好瓶蓋。冰糖會融成液體，將這些汁液煮沸，撇去浮沫，趁汁液還燙時澆在梅子上，待冷卻之後放在陰涼處存放。聽說最好反覆這些步驟數次，但我的青梅總是一次就用完，幾乎沒有剩下。青梅可以佐威士忌、搭清酒、當作配茶點心。在巧克力裡放兩顆，附上牙籤端出去，客人一定會再討一份。

說到醃梅乾，其實也有幾件縈繞在我腦中揮之不去的事。關於我珍藏的「大正十三年梅乾」。這件事已經在雜誌上寫過，重複再寫有點不好意思，但無論如何還是想再說一次。

「梅子喜歡夜晚的露水」這是約半世紀左右前，松庵和尚告訴我的

前幾年、應該是兩年前左右吧，我參加了一個電視節目，製作單位說誰都行，可以幫忙安排見面。我之所以參加這個節目，是因為心裡暗自希望能見到松庵和尚的妻子山盛多津子女士和女兒良子。

松庵和尚七十二歲離世，已經走了十八年。禪宗寺院，特別是本山塔頭的寺院，和尚若先過世，留下的妻女境遇就很可憐。假如已經確定了新任和尚，能被收為養子也就罷了，否則母女就會被趕出寺外。因為新晉山的年輕和尚會有自己的妻子。在家人[12]並不會發生這種事，但禪寺在這方面很冷酷，和尚去世後，許多母子都頓失所依、流落街頭。因此松庵和尚在世時一直很擔心妻女的未來，可是良子小姐在瑞春院未得良緣，沒有和雲水僧訂親，松庵和尚就在這樣的狀況下驟逝。本山立刻下了逐客令，四十九日還沒過完，母女倆就被迫離開長年同甘共苦的寺院。多津子小姐想留些和尚的遺物在身邊，於是進了土倉，發現那五十多個醃梅甕，抱走了其中日期標著大正十三年的那一個。大正十三年是多津子小姐嫁進來的那一年。

12 譯註：佛教稱過世俗生活的人。

這年我才五歲，還住在若狹。我在昭和三年進瑞春院，正好是御大典[13]那年。兩年後，孩子出生了，也就是良子小姐。當時我忙著洗尿布、照顧嬰兒，累到掉眼淚。第四年我逃離之後，很久都沒有見到她們。我知道和尚去世後她們母女住在大津晴嵐町，曾去拜訪過，但是之後又過了好幾年，再訪時她們已經搬家，不知去向。我拜託電視台尋找她們的下落。

製作單位還真的找到人了。聽說她們母女倆搬離晴嵐町，在三井寺下湖西線旁的住宅區蓋了新房子。但是一年前，七十五歲的多津子去世了，留下的良子成了茶師傅，隻身過著獨居生活。不過良子小姐表示她很想見我，告訴製作單位她願意去東京的攝影棚。想到還是嬰兒的良子現在都已經四十五歲，我懷抱著無比複雜的心情，離開輕井澤前往攝影棚。

我和良子相隔四十五年再次見了面，看到對方還健朗，彼此都很高興。短短十五分鐘的節目，想說的話很多，但大部分時間都被贊助商占去，最後我們還是回到電視台會客室才終於能好好聊。良子用一個跟便當盒差不多大的保鮮盒裝了梅乾帶

13 譯註：天皇即位後包含即位禮、大嘗祭等一連串儀式之統稱。

來自輕井澤的梅乾

來，她將盒子遞給我，含著淚說：

「這是大正十三年的梅乾，我母親和父親一起醃的。父親喜歡梅乾，經常採院子裡的梅子來醃，這是我母親嫁來那年醃製的。母親死前交代，如果有機會見到勉先生，要我分一些給您。」

我哽咽無語地收下了梅子，將其帶回輕井澤，深夜裡，我拿出一顆放進嘴裡。梅乾在舌頭上滾動，一開始嚐到的是外層結晶鹽的濃重鹹味，漸漸地，舌頭上分泌的口水讓梅乾變得圓潤飽滿，之後便是甘露般的甜味。能遇到這種初嚐起來又苦又鹹，但逐漸變得甘美的陳年梅乾，我實在很開心，忍不住對著這已經活了五十三年的梅乾掉下眼淚。

我把這件事寫在某家報紙的專欄上。結果有位年輕讀者打電話來問，梅乾能放五十三年嗎？難道不會腐爛？這位讀者說，我不該信口胡謅。我向他解釋了這五十三年梅乾的樣子，也詳細描述了味道，但這年輕人只是呵呵地笑了起來：「作家就是會編故事。」然後掛斷了電話。

醃脆青梅

我太生氣了，於是又把跟這年輕人的對話寫進專欄裡。後來住在小田原的尾崎一雄老師讀了我的專欄，在雜誌《所有讀物》的隨筆欄寫了這樣一篇文章。

「水上先生在〈再次談起梅乾〉一文中再三解釋，文末強調：『有一件事我在電話上忘了說，在此補充。我說的不是都市裡那些量產假梅乾，而是用真正梅子和鹽醃製的梅乾。』

我手邊有嘉永三年（西紀一八五〇年）跟明治四十一年（一九〇八年）醃的梅乾。前者是尾崎士郎的友人高木德（士郎的作品《人生劇場》青春篇中出場人物新海一八的人物原型）在昭和三十一年送的，後者是三十年九月時藤枝靜男送的。藤枝先生在隨附的信中寫道：『這是母親在我出生那年醃製的，聽說申年的梅子特別好。』

收下禮後我跟家人一起試吃。家人們認為，高木先生送的已經不能稱為梅乾，不過藤枝先生送的確實是梅乾的味道。

寫這篇稿子時，我第一次嚐了藤枝先生送的梅乾，儘管距離收禮已經過了二十年，吃起來依然是梅乾。味道很接近水上先生所描述。我試著把堅硬種子打開，發現裡面的果核（在天神山地區將其暱稱為『天神大人』）也一樣有味道。」

讀了尾崎先生的文章我不禁眼角發熱。電話那頭的年輕人，不知道有沒有讀過這篇文章？

在輕井澤醃著梅乾的我，腦中盤旋著這些往事。對我來說，醃梅乾可以聯想到許多事，醃製的過程就像是把這許多事封存在甕中醃漬一樣有趣。例如松庵和尚、多津子、良子，又例如雖已邁入老年的尾崎老師、藤枝老師，依然無比珍惜用心品嚐年輕人眼中區區梅乾的這份友情。人確實能透過一顆梅乾，擁抱生命中重要的東西。我想告訴電話裡那年輕人的，就是這個道理。

愈說愈離題了，還請見諒。每年我在輕井澤醃的梅乾，都是按照自己平凡無奇的方式來醃製的，現在已經累積四、五瓶，看著這些梅乾瓶我總是覺得很開心，因為這些梅乾不僅可以取悅客人，還能讓我想像自己死後這些作品繼續存活、被放進某個人嘴裡的景象。這一生想必寫不出什麼好小說、徒然欺世盜名的我，思及未來的短暫餘生，至少希望能留下一些梅乾。

我分了幾個不同瓶子裝，是依照不同梅子種類區分，不過我學識不精，也不太確定梅子的品種，不清楚確切的名稱，只能按照產地來分類。月之瀨梅似乎比小田原的稍小一些，輕井澤的較硬，個頭也較小。這可能是各地風土差異的關係。如同人總是背負著故鄉，梅子也各自背負著出生地，聚集在此。

有一年冬天，我去調查奈良的麻織品，曾經去過月之瀨，當時河岸台地成千上萬的梅樹景象，叫我至今難忘。賴山陽也曾經遊歷此地，這裡風景絕佳，現在還蓋了水壩，附近的名阪國道落成後，交通更方便了，但我去的時候當地還是人煙罕至的深山，從柳生之里開車開了很久才到。當時是冬天，所以我沒看到梅子結實或者梅花盛開的景色，只買了當地賣的梅乾糖回家，現在手邊還剩一些。連小小糖果都要窮酸地保存下來，因為我個性素來如此，相信梅子會活在其中，客人們每每看到我拿出梅乾瓶、小氣裝盤的樣子都會取笑我，這也沒辦法。對待能活好幾百年的東西，怎麼能隨意浪費。

有一位讀過我梅乾隨筆、住在糸魚川附近深山村落的老嫗來信。現在信件不在手邊，我無法複寫原文，但大致是這個意思：

「我讀了你跟年輕人關於梅乾的對答。你說得沒錯，梅乾的壽命很長。我家有三個土倉，其中一個土倉的階梯下深處有一只大甕，裡面裝了梅乾。根據我家祖先的說法，這些梅乾是源義經大人親手醃製的。而且這些梅乾還有果肉，非常美味。您若來訪，我願意只讓您嚐嚐這梅乾的味道。」

越後的糸魚川，一定是源義經與弁慶出逃時曾經過的地方。這對主僕驚險闖過安宅關、終於來到糸魚川這一帶時，或許正值六月梅子結實的時節。我想應該是這樣吧。義經在老婦人的村裡住了一兩晚，醃製了梅乾。讀著這封信的文字，彷彿

《義經記》躍然紙面，我再次濕了眼角。

能收到這樣的信，也是梅乾牽起的緣分。那個年輕人一定又要嘲笑深信越後寒村中還留有源義經親手醃製梅乾的我了。笑就笑吧。畢竟歷史只會留在記得的人心中。無人記得，歷史就等於不存在。

正因為這是有數百年生命的梅子，當然要儉省著用。而我儉省梅乾的待客方法有許多，例如將梅乾果肉混入甜味噌中，用研缽磨碎後作為下酒菜。另外果肉較肥厚的大顆梅乾，可以用砂糖煮成濃稠糖漿後淋上去，用湯匙舀來吃，很適合搭配白蘭地。女客人很喜歡這種甘甜濃稠的梅乾，一定會要求追加，也有人看到我出菜如此吝惜，會因此猶豫，不好意思開口。這樣也很好。每個人都有自己的想法。

我曾經因為在小田原嚐過美味的紫蘇梅捲，試著模仿做了一些。做法可能不對，不過我是覺得很好吃。其實只是用紫蘇葉將梅乾捲起後醃漬而已，這時用的梅乾在土用時節要充分曬乾，捲的時候將梅乾放在紫蘇葉片上，在木板上一邊滾一邊捲起。這樣一來放進瓶子裡也不會散開。

珠芽圓蔥拌梅肉
梅乾
熬至收汁的梅乾

輕井澤的田裡紫蘇長得很好，顏色是帶黑的紫，葉片也很大。用這一片片葉子來捲梅乾，可以充分好好包裹住，真的很有意思。放一個在溫熱米飯上，就足以讓我吃完一碗米飯。我幾乎要想，這世界上怎麼會有這麼美味的梅子吃法？

另外我再補充一句，梅子也有醍醐味，那味道出自我這個人過往人生中跟梅子的關係。特產店買回來的量產梅乾，配飯吃就已經夠好吃了，但是手工醃的梅乾中，充滿了自己用心竭力的歷史。我希望讓客人品嚐到這些滋味。

不久前我去了維也納，那裡的葡萄酒窖老闆對我們來客仔細說明這一年葡萄生長狀況，看到他當時眼裡的光芒，我忍不住流下眼淚。人唯有透過親手製作，才能真正與自然的土壤同在。不管是一顆梅子或者是一串葡萄，無論西方人或東方人，都沒有什麼不同。

下面為各位介紹兩種關於梅乾的用法。第一種是先將梅乾果肉烤過後放入熱水中，做成湯。或許有些人會看不上眼：「什麼嘛，不就是感冒時老媽經常弄給我喝的那個嗎？」對於這種人，我還想告訴他們一件事。除了梅乾果肉，還可以丟些散落的羊羹碎塊進去。請務必試一次，梅子的酸味和羊羹的甜味，融進熱水後會成為味道細緻的一道湯品。另外一種用法是先剝除果肉後，用刀背將梅籽敲碎，把裡面的種核放入清口用的清湯中。上面若是再加些柚子皮，香氣更是沒話說。

其實這種梅乾做的清湯，我曾在妙心寺前管長梶浦逸外禪師的著作讀過，覺得很有趣，自己實際試了之後才知道怎麼做。梶浦禪師在那本書中說過這麼一段獨特的見解：

「站在修行的角度來看，也不該提供不合時宜的東西。假如不能游刃有餘地烹調各個時節所謂『當令』食材，就稱不上能獨當一面的廚師。日文中意指豪華盛宴的『御馳走』這三個字，字面上是馳騁、奔跑之意。在寺院境內東奔西跑，眼前會看到各式各樣的食材。即使不在境內走動，只要走進家中廚房，也可以看到各種食材。或許是草葉、或許是水果，也可能是眼前的甜點。」

我很認同這段話。看了之後我終於了解「御馳走」的含義，禪者並不跑向超市，而是跑向禪寺裡的菜園。就算不跑，也可以看到躺在廚房角落的各種材料。這三個字實在精妙無比。

七月之章

好啦，七月吃什麼好呢？這也只能和土地商量。首先映入眼簾的是茄子。這在我家田裡也是夏日之王，每天摘回來，當天想到怎麼料理就做來吃，可以一直吃到秋天。在各色作法中，我曾經做過的有：

茶筅茄子。蒂頭只切掉一半，留著一起煮。果肉部分以菜刀縱劃刻痕，吸飽湯汁脹開就會呈茶筅狀。我喜歡煮成鹹鹹甜甜的。

團扇茄子。將嫩茄子連蒂剖半，燙熟，一盤盛上兩片，淋上或附上芝麻味噌。

蒸茄子。這個是用蒸籠蒸熟，小茄子整顆蒸，大的則剖半蒸。這也要先劃上幾刀。蒸好之後盛盤，附上一撮薑泥。沾醬油吃，或者沾芝麻味噌亦可。

烤茄子。這雖是常見的作法，但茄子烤好後剝皮時，必須維持形狀完好。我以前會將小茄子用竹籤串起來烤，結果樣子也不像糯米丸子，挺妙的。無論如何，最好是沾薑泥醬油來吃，但若遇上女客人想吃偏甜的口味，那就是味噌了。將味噌加糖，仔細研磨做成甜口的味噌，獻給客人。但愛酒的人還是不愛這一味，更喜歡薑泥的。

夏季的蘿蔔看起來賣相不佳，卻辛辣有勁

像內人則是會用八方高湯。這雖是京都的作法，但用昆布底的高湯總有股腥味，讓茄子黏糊軟爛而無味。而烤茄子吃的終究是茄子的芳醇，所以品味的是茄子本身出的汁水。若要因此說我沒有本事，那我也無話可說。

夏天，田裡的蘿蔔冒出了肩頭。拔出來洗乾淨，與炸豆皮一起煮。輕井澤的蘿蔔個頭又小又細，不像京都的蘿蔔那樣一塊便占據整個湯碗。外觀看著可憐，一入口可是蘿蔔味十足。說蘿蔔有蘿蔔味有人會笑，但近來我在都市的超市買的蘿蔔，用磨泥器磨出來，也沒遇到一根真的有蘿蔔的辣味。也不知道為什麼，天婦羅店的沾醬旁附的那一大坨蘿蔔泥也是甜甜的、沒什麼勁道。而且，因為沒有蘿蔔強烈的澀味，就像廉價的豆腐一般，沒味道。京都不愧是京都，很少有這樣的蘿蔔。但是，上回我去有名的U店吃天婦羅蕎麥麵，加了大把旁邊附的略帶青色的蘿蔔泥，結果既不甜也不辣，只是配色好看，讓我好生失望。在我輕井澤的田裡，或許是埋了樹葉土質好，總之蘿蔔雖然細，但辛辣有勁。即使和炸豆皮一起煮，蘿蔔仍是充

三兩下調理後，就換了個樣子的當令蔬菜，
在餐桌上與蔬菜們展開早晨的對話

滿土壤的味道，十分微妙。我與戲劇為伍的日子很多，常有人用蘿蔔演員來罵人演技差，但我倒是認為，如果是夏天輕井澤的蘿蔔那樣辛辣有味，被說是蘿蔔也無妨。也不知人們什麼時候開始瞧不起蘿蔔的，我總覺得不可思議，是因為隨時隨地都有才這樣嗎？那我要替蘿蔔鳴個不平，隨時隨地都有的東西可是比什麼都寶貴。

茗荷的季節也算是在盛夏吧。茗荷長在庭院一角，都是叢生的。摘回來拌山椒味噌，愛酒的人最好這一口。把山椒仔細研碎，拌上赤味噌，相當可口。摘的時候仔細看地面，才知道原來茗荷是地下莖相連的花苞。一旦花朵大開，裡面就會中空，香氣和味道也會跑掉，所以要挑硬的摘。

以前在寺裡的時候，和尚說：「吃太多茗荷會變笨。」我不知道這是基於什麼緣由，但這句話至今還留在我心頭。所以當我要撒在味噌上吃，或是為了配涼拌豆腐而切碎茗荷的時候，都會像唸咒般喃喃唸著別變笨。

根據柳原敏雄的《山菜歲時記》這本書，菜販把茗荷叫作笨蛋。我個人很少去

鹹味煮山椒果

菜攤買菜，從來沒遇到老闆或店員用這種行話說茗荷。不過我倒也漸漸覺得茗荷確實有被說成笨蛋的氣質。原因就在於，去摘的時候在地面上冒出來的樣子。小筍子似的，尖細的頭鑽出來的情景，坦然無畏地，傻不愣登到處冒出來。顏色又是帶紫的褐色，仔細看，不免有幾分覺得這般從地面冒出花苞的花，確實是很怪。

「從前釋尊的弟子中有位名叫周梨槃特的聖人，天生記性差，而且又有健忘的毛病。有時候甚至連自己的名字都會忘記，所以脖子上總是掛著名牌。這位聖人比別人加倍苦修才開悟離世，據說他的墓地上長出來的植物就是茗荷。」

這段話是《山菜歲時記》裡所引用的，我倒是記得佛經裡出現過周梨槃特這位僧人的名字。像迦葉尊者、阿難尊者這些人，據說都是高徒。周梨槃特則是關門弟子，但既然是「比別人加倍苦修才開悟離世」，我覺得也很了不起。開悟早未必就比較好，那只是苦修的時間比較短而已。繞了遠路才開悟，一路上所見的風景也不錯。即使歷經長久的苦難，若到達的彼岸是了悟的世界，那也很了不起，在早早開悟的人們厭倦了了悟的世界又重回凡塵路時再抵達也不錯。有這樣的聖人也不錯。

若茗荷是從這樣一個人的墓地上茂茂盛盛地長出來，那麼我認為，這種有點像地球的小紅疹般、呈筍狀鑽出來的奇妙花苞是很神聖的。是誰認定花時間開悟的人就很笨？佛教沒有趕效率的思想，伊索寓言裡，也是慢慢走的烏龜贏了兔子，又有誰敢指責說舊東海道線比新幹線好的人？

我倒是很想頒發勳章給茗荷這個夏季蔬菜，不知讀者意下如何？我不知道還有什麼蔬菜，能像茗荷這般固守自我，默默集滋味（苦味、香氣）於一身。

在我種茗荷附近的小山椒，已經長得很高了，那是女兒的朋友從日光拔回來給我們的；旁邊有另一株從東京運過來的山椒，這株則有我的手臂粗。這兩株都不結果。神奇的是，它們本來都是會結果的，運過來之後就不結了，真不知是什麼緣故。某本雜誌上寫過，本來在東京會結果的，移植到這邊之後就不會了，山椒也是這樣。因此，每年我都會摘山椒葉來做菜，但若要拿果實和葉子一起滷，即使在輕井澤，也還是得去追分的超市買。店頭會販賣顆粒相當大的山椒果，我則是花時間來滷。這是讓早餐吃得更香的小菜，不會拿出來待客。裝進密閉容器裡冰起來，珍惜地吃到秋末，不，吃到冬天。可以說是一道常備菜吧。類似的還有小青龍的甘辛煮。這道菜是在秋天大量採收時，拿果實連葉子一起煮，但有時候即使還不到秋天，也想早點吃到，七月我就會把果實切碎來煮。還有把冬天留下來的花豆煮成甜花豆也不錯。這些都會冰在冰箱裡，有客人來時用來待客，但對於獨自吃早餐的我而言，這三種永遠最下飯。

這個季節的涼拌青菜，在京都的話我愛吃濱萵苣。奔到菜田裡抓一把回來，拌個芝麻，幾分鐘的功夫就好了。若在輕井澤的超市裡仔細找，倒是發現了一種「輕井澤菜」，乍看很像濱萵苣，但樣子不同。不過看來很適合用來拌芝麻，我便買了還沒去掉莖的，燙熟了來試試，結果好吃極了，不枉費我用心仔細地找。日本是由土質各異的山谷構成的，每座山谷各自生長了適合的蔬菜，所以我想無論哪裡，都有這類適合涼拌的蔬菜。在做這種涼拌菜的時候，好比菠菜也好，水菜也好，我不喜歡湯湯水水的，一定要擰乾再淋芝麻醬油。人人各有偏好，在大都市裡就是會有人端出水淋淋的，也就是濕成一團的涼拌蔬菜。總有股水腥味，都不知道是在吃菜還是喝湯。

京都貴船的「藤屋（Fujiya）旅館」老闆娘寫信來。內容如下：

想必您別後一切安康。我們雖遇祝融，其後又逢家人亡故等大小事不斷，仍發奮營業。此時，貴船也來到了綠葉青青的時節，來客漸增，事多繁忙，以至有失問候，尚祈海涵。

今天我滷了山椒，盼您賞光品嚐，因此捎上些許。

另，看報得知您的大作《貴船川》將於大阪三越廳上映，讓我想起老師您，感到不勝懷念，由衷祝您票房大獲成功。

山椒比信晚了一天寄到東京住處。那時正好我回去東京，才能不被內人她們搶

芝麻拌青蔬

走，得以將山椒搬回山中的家。貴船日照不多，我想種出來的山椒一定很好吃。我和這位老闆娘已有近十年沒見了。雖記得數年前看過貴船大火的報導，卻藉口忙碌，連慰問信都沒寄。藤屋與我多少有點緣份，是為拙作《貴船川》的雛型。故事說的是一位旅館老闆娘的後半輩子，只借用了背景，來信的老闆娘並非小說裡的人物。不過是我在十五、六年前無意間造訪後，小老闆娘的美貌及優雅的服務令人目不轉睛，我才自己編了這個故事，之後作品拍成了電視劇，又改編成舞台劇，便讓老闆娘掛記了。這一切都是我的罪過，而今日，這個悲劇故事脫離了我的掌控，我內心對貴船既感謝又愧疚。這部作品將於今年夏天（昭和五十二年，一九七七年）在大阪上映。想來老闆娘是先看了報才開始滷山椒的。

不知是否經過研磨，果實非常細，乍看是鬆鬆軟軟的，用筷子夾起看，會有細細的纖維。我撒在熱騰騰的米飯上吃。耳中彷彿響起貴船的水聲。

老闆娘的手藝果然細緻，與我這等拿超市買來的山椒果，連著小樹枝便粗枝大葉去煮的粗糙作品大不相同。灑在飯上，粉末般細細散開來。

在信州的輕井澤發現京都之味

吃著貴船的山椒，我還想起了另一件事。

這事之前也曾稍微提到，因是山椒的季節，便再次著墨。事情是關於若狹的外婆，我外婆活了八十三歲，晚年腿腳不好，在田裡蓋了一幢只有一間三坪房大的屋子，住在裡面，不願見住在本家的兒子媳婦，後來不幸去世，死於室戶颱風襲擊若狹時。那時候淹了大水，外祖母躲到土藏裡，水還是漫了過來，整個人濕透了，人連著榻榻米都飄在水面上，受了許多折磨後，死了。

外婆年輕時守寡多年，有一次我這個外孫在午飯時間去她那裡，看到她在箱膳[14]擺上一個碗，只盛了白飯，什麼配菜都沒有。我覺得奇怪，便一直看著，就看到她取下箱膳旁一個綁著細繩、以厚紙封起的信樂壺壺蓋，兩根筷子伸進壺裡，夾起一點點摻著樹枝的山椒果實放在飯上。那個壺便是外婆的常備菜，是盛夏食欲不振的午飯的唯一配菜。我曾經看過那壺裡面，汁水很多，黑得像墨汁一樣，山椒的果實和枝葉都沉在壺底。所以，外祖母在夾的時候，簡直就像插棒子進去似的，要

14 譯註：平時用來收放一人份的餐具的箱子，用餐時以箱子代替餐桌。

撈上一陣才會夾東西出來。也沒撈出多少山椒果實的屑屑，但因為汁水很多，多得會滴下來，外婆便拿碗挨著去接，一邊接一邊吃得津津有味。

「婆婆，山椒好吃嗎？」我問。

「嗯，只要有這個，我別的都不用。」然後吃上三碗飯。

外祖母腿腳不好之後，便不再到村子裡走動。過去做的是幫村子裡跑腿、打雜的工作，在兒子媳婦因為打仗帶著孫子浩浩蕩蕩疏散到村子之前，是個日子過得很悠哉的寡婦。外婆活到八十三歲，帶進土藏裡的是信樂燒的山椒壺。她的喪事我沒趕上，但據家裡的人說，外婆一天都少不了山椒果。至今弟弟們聊起來的時候都還是會說，若不是因為水災全身泡水，儘管腿腳不好，應該還有好多日子好活。

我之所以視貴船的山椒為珍饈，喜歡以輕井澤我自己亂煮的山椒果佐早餐，都是源自於對這位外婆的孺慕之情。我常說，就連乍看之下平平無奇的山椒果實，都能回顧一個人的人生。融在舌尖、化入骨血的味道，只能說是那個人一生中所受到的土地的滋養。

中村幸平先生所著的《日本料理的奧義》一書，主張料理要有六味才是完全的滋味。一般將味道分析為甘、鹹、酸、苦、澀五味，但中村先生則認為應加上「後味」為六味，並將後味解釋為「**食用後還意猶未盡的餘味**」。原來如此，五味我能明白，而他加上的是，人的心理也能影響對料理的感官，這一點令人佩服。

人真是不可思議，食物的一點點色澤、形狀，就能激起一個人獨有的聯想。淺近的例子不勝枚舉，好比追查為何食欲不振，通常能從中發現心理因素。想必也有人看到山椒便起雞皮疙瘩，這樣的人便會閉上眼睛不去看，對此人來說，沒有後味可言。一道菜若是不能讓人依依不捨地蓋上蓋子，巴不得再吃一次，便不夠格作為常備菜。歸根結柢，像我外婆那樣的，只能說是將山椒敬為六味吧。否則，外婆也不會活到八十三歲還抱著那個壺。八十三歲雖然也算長壽，但外婆真正是個粗食主義者，在我幼小的記憶當中，沒有她吃魚的印象，有的都是田裡的東西，煮茄子，滷蘿蔔，頂多是蘿蔔上偶爾沾了兼作熬高湯的大隻小魚乾。

邊煮邊想念少不了滷山椒的外婆背影——

既然提到無能，便順道說說夏天蘿蔔另一種一直被我遺忘的用法，那便是人人都會做、卻持續不了三天的一夜漬。我是將蘿蔔連葉子一道切碎，灑鹽，拿重物壓著。到了早上將水分擰乾，淋醬油吃，沒有比這更甜、更開胃的配菜了。每年到了夏天，便會有兩個打工的女大學生來幫忙。我告訴這些小姐，要勤做一夜漬，夏天的廚房絕對不能少了這一味。她們聽是聽了，剛來的時候會做，但一到八月，我買給她們的塑膠製一夜漬用具都積了灰塵，不肯做了，似乎是認為登不上大雅之堂。也不知是不是有人灌輸她們鹽漬蘿蔔不算是料理的想法，她們就愛打開藏在包包裡的大部頭料理書，在那裡煩惱。管它書上寫什麼，去給我做一夜漬。跟她們說滋味便在其中，她們也只是呵呵地笑。都已經在上女子大學了，應該明白我說的話有多重大才對，但她們笑是當我生性小氣。這些人受的教育真令人匪夷所思。

討厭一夜漬的人，豈能入得了夏季料理之門？

蘿蔔一夜漬

不懂一夜漬的滋味，就別妄談料理

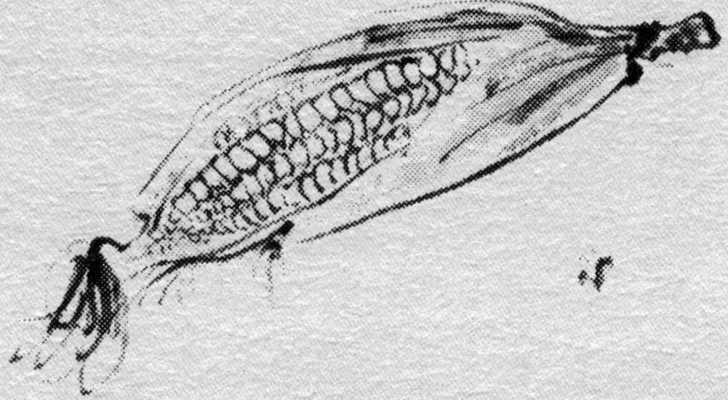

八月之章

八月，是涼拌豆腐的季節。嵯峨豆腐之細膩，與本山天龍寺內妙智院的西山木棉豆腐，那莫名狂放、卻又與芥茉芋頭共同化在舌尖的滋味，對於京都長大的我而言，無論多少年都難以忘懷。禪寺每三天要吃一次豆腐，其實這是為純素的日常飲食提供營養而精心構思的，禪僧大多長壽，而且大師級的人物均不過胖亦不過瘦，體態健美，很多都超過九十高齡，或許是源自於豆腐的力量。當然，芝麻豆腐、核桃豆腐也算是豆腐，但為平日光吃菜葉、樹根的人提供脂肪，可說全都歸功於大豆。有本名為《豆腐百珍》的書，其中有篇文章十分有意思。在此引用較長一段。

菽乳為穀粒之變。乃物之變化也。造物主之。人與物之異乃有變化之能。雖有變化之能必亦為造物然之。而變化無窮也。虯龍見潛，花卉榮枯，世態與之同生息，人事與之同反覆，擾擾而聚，諜然而散。物無不變，氣無不散。蓋淮南之術已邈。製法因循至今。夫碎碎之粒，入磑奪胎，濾水換骨，雲蒸沸然忽而白雪瑩瑩如壁而出。不亦奇乎。某集之曰百珍。

此文乃「天明改元辛丑嘉平平安曹鼎子九氏書於碧香亭」。是為《豆腐百珍》之序文，可說是以哲學觀點出發，暗示豆腐如何與人類相關，妙味無窮。文章奇特，點明了豆腐這東西的變貌之難得，十分令人玩味。

作者將百珍分為六等，即尋常品、通品、佳品、奇品、妙品、絕品，分別論之。

尋常品為家家戶戶的家常菜，通品為無甚口碑但為世人所知者，佳品略優於常品，奇品為特別奇異者，妙品略勝於奇品，絕品則又更勝於妙品，以此詳述一百種料理之法。人們或許會驚訝於豆腐竟有多達百種料理，有興趣者可翻閱《日本料理大鑑》第四卷。無論哪一道都令人垂涎三尺。其中羅列的名品，讀之無不令人點頭讚嘆。

將其中一、二道我曾向寺中和尚學過的抄錄於此。

葛湯煮炸豆腐。豆腐以麻油炸，起鍋後直接泡水，去油氣，另先行將葛粉湯煮沸，去油，加入豆腐，以湯豆腐煮法煮之，淋山葵味噌。

（作者註：山葵味噌是在味噌中加入白芝麻、核桃細研後，拌入適量山葵泥。）

湯豆腐。切成八、九分的大丁，或一寸二、三分長、五、七分寬的長方塊，葛粉湯煮至極滾起泡，加入一人份豆腐，不加蓋，緊盯，至豆腐稍動，將浮未浮之際，撈起盛盤。若豆腐已然浮起便已錯失火候。此間差異甚鉅。器皿應先行溫熱。生醬油煮沸，下花柴魚片，加少許熱水，再次煮沸，濾過，盛入小盅，加入大量蔥白、蘿蔔泥、辣椒粉。

（作者註：此道湯豆腐或可說是平凡無奇，但以葛粉湯來煮便是變化的技巧，熟讀玩味，即可知與一般湯豆腐有所不同、何以列為絕品。）

豆腐據說有一百種料理法

芝麻豆腐

真之烏龍豆腐麵。鍋兩支，兩者均先盛水煮至沸騰，以湯勺舀切好之豆腐，連勺浸入其中一鍋，直接盛裝至溫熱好之器皿，取另一鍋之滾水淋之。未久煮之火候最為絕妙，即便供予數十人，火候始終不變。醬汁以醬油一升、酒三合、高湯五合同煮至沸騰，盛入另一中型盅，以蘿蔔泥、辣椒粉、蔥白末、陳皮末、淺草海苔作為調料。切法，葛粉條切割器以絲線為網，將豆腐推入溫水中。推出時手亦浸入溫水中為佳。若以薄刃切豆腐，先切出約略大小、以左掌穩住左邊，由左至右切。切完後，以左手掌與薄刃輕輕夾之，翻面，再如從頭切之。切時須專注，薄刃須先泡水。所有豆腐均應以此要訣切之。另，薄刃抹醋亦可。

（作者註：真之烏龍豆腐麵置於《豆腐百珍》最後一章，可謂絕品中的絕品，但若細讀，任誰都容易解讀該品是將平常做的湯豆腐切成細長的烏龍麵狀。然而，應該精讀的是：如何欣賞豆腐的變貌？這才是重點之所在。料理的精神、料理的技巧，與蘊釀出獨特風味的精髓盡在其中。）

其實，豆腐不一定是黃豆做的。也有芝麻豆腐和核桃豆腐。在寺裡，和尚教了我芝麻豆腐的作法。

不知為何，和尚叫我給芝麻去皮。我第一個反應是吃驚——那麼小的顆粒能剝皮嗎？但和尚在我面前示範的芝麻剝皮法令我五體投地。

在研缽裡加入適量的芝麻，再加一點點水，以手掌攪拌，往研缽的溝痕摩擦。於是，轉眼間，芝麻便輕而易舉地脫了皮。等幾乎所有的皮都褪掉了，加水，那些皮便全都浮在水面上。只要輕輕將這些撇掉就行了。重複幾次，缽底便會漸漸留下純白的芝麻。把這些拿去曬，乾透之後，再一次放進乾燥的研缽，一直研磨成糊狀為止。我想，一合的芝麻大約要研上一個半鐘頭吧。以四合左右的水兌開芝麻糊，要仔細挑掉雜質，但加水時不要一次全加，先加一點點稀釋，加了之後就過濾，過濾之後再稀釋，最後將研缽沖乾淨，一點湯汁都不要剩。

過濾時用的是篩眼極細的過濾器，篩出來的東西放進鍋裡，拌入品質好的葛粉，太白粉好像也可以，但我試過一次失敗了。不是葛粉就做不出豆腐狀，這一點

擬製豆腐

真的很奇怪，寒天也不行。

在鍋裡和葛粉與芝麻水時，只能用洗乾淨的手來和。也有人用研杵或飯匙來壓，但這樣稍後會結塊，用手掌無微不至地和才是最好的方式。

以文火加熱。這時候以飯匙攪拌。一旦開始加熱便要全程緊盯，因為一個攪拌不足，事後葛粉就會結塊。不用擔心燒焦，澈底煮就是。葛粉熟了之後，鍋子不可立刻離火（新手經常犯這個錯）。一直煮，硬的地方會漸漸變軟，然後要進一步攪拌，接著會越來越香。最後，又變成有些費力的硬度時，鍋子這才離火。離火之後，立刻移至便當盒或套盒，用飯匙或其他工具將表面抹平。冷卻後就會變硬。這大致便是瑞春院（我當小沙彌的寺廟）的作法。松庵和尚邊做邊向我抱怨，但說得卻像唱的一般。這大概是來自在僧堂當典座、當隱侍的經驗吧。動作迅速俐落，我在一旁看著記得很清楚。

然而，這作法或許已經落伍了。最近教我的人，是用淺陶鍋炒芝麻，大概有三粒芝麻爆起來便離火，趁熱用研缽研磨即可。說去皮是邪門歪道，皮本身有風味，

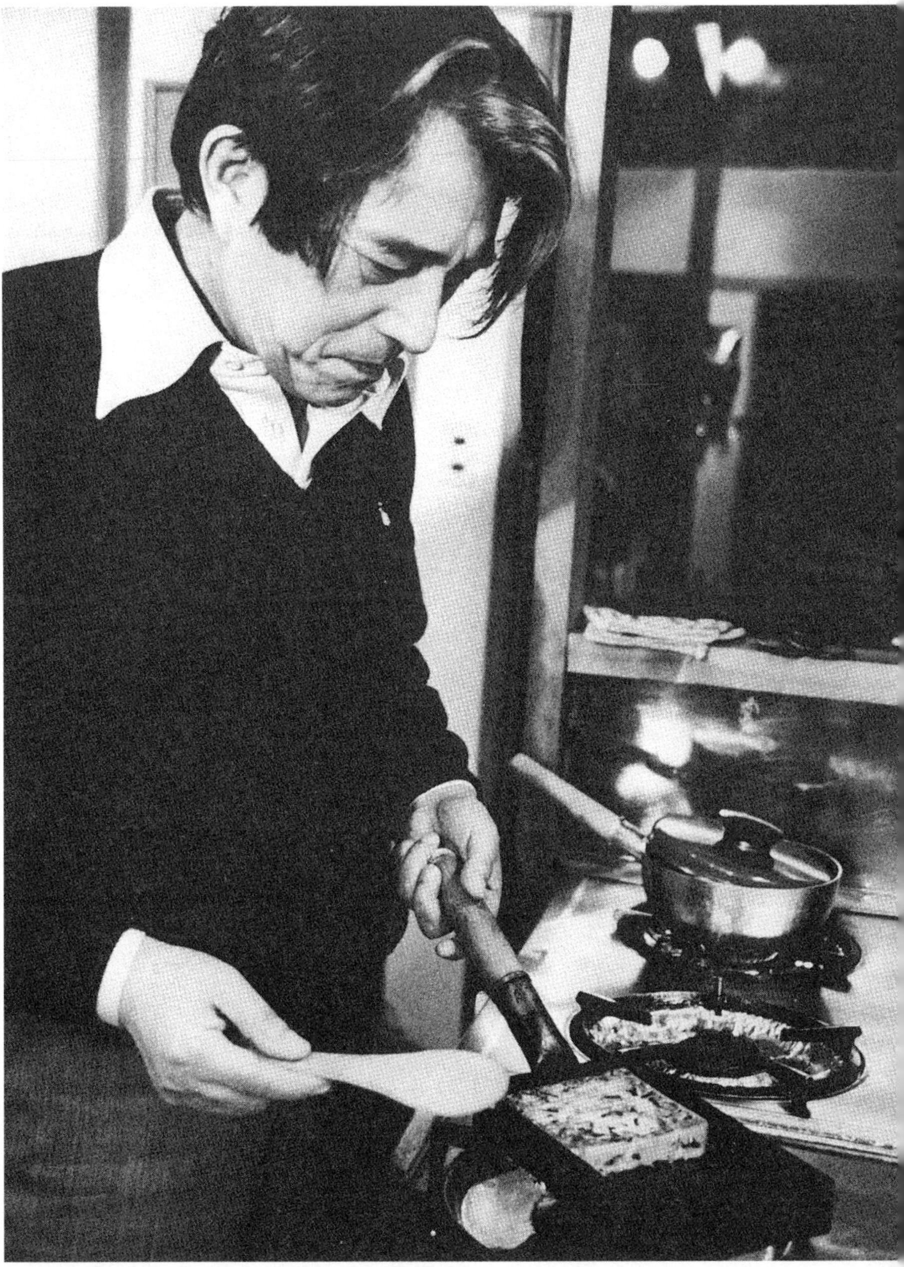

擬製豆腐，
很難相信這竟然是從土裡長出來的

而且顏色會比只用去了皮的更有味道，因此不去皮更好。這個作法我也試過。果真，連皮做的更有意思，芝麻風味更鮮活。

好了，視人數，憑喜好來切便當盒裡凝固的芝麻豆腐，我都是切成羊羹大小。沾醬也可以用山葵醬油，或淋上葛粉芡汁再加點山葵也是一種作法。沒有便當盒時，就倒入茶杯放冰箱冷藏，吃的時候把茶杯倒扣在盤子裡，像布丁那樣擺盤應該也很有意思，但我總覺得這有點洋氣，沒興致。就算麻煩些，還是切成羊羹才正統不是嗎？

至於落花生豆腐及其他豆腐，就是以花生來取代芝麻，也可以用蠶豆。豆子以熱水煮過，必須剝皮後再磨成糊。之後以細篩篩過，寒天泡水兩小時泡軟，擰乾水分後，以一合半左右的水煮開，熬成一合左右時用布過濾。濾過之後的寒天一點一點拌入豆糊，以鹽調味或者也可以做成甜的，之後倒入套盒，放進冰箱凝固。毛豆、銀杏、核桃、紅豆、蓮藕、慈菇、香菇，統統都可以。以研缽磨成泥，將研好的材料（手邊有什麼就用什麼）以寒天凝固做成豆腐的這種作法，極其有趣，青菜也好，就算是昆布應該也不是不能做。像我就愛從田裡扯毛豆回來，用毛豆磨出的一抹青綠做成豆腐時的新鮮。

香菇豆腐聽起來好像很怪，但我記得在京都是叫作漩渦。香菇去蒂，清洗乾淨後以研缽研碎。拌入少許捏碎的豆腐，磨成糊，倒進茶杯，進蒸籠蒸。很快就會凝固。凝固之後取出，茶杯倒扣在碗裡，淋上太白粉芡汁或葛粉芡汁，點上山葵泥就是絕品。香菇豆腐要品嘗的是香菇的香，所以也可以在一開始先以火烤炙出香氣，乾了之後再進研缽研碎。香氣會直接留在粉末裡，拌入豆腐後仍不減香氣。

寫到這裡，我想起了擬製豆腐和淡雪豆腐。在豆腐中使用大量的油來炒，營養又美味。這道菜是先將豆腐瀝乾，過篩之後以炒鍋炒透，當中加入切碎的香菇、銀杏、木耳、紅蘿蔔、竹筍，加以煸炒，以鹽、糖調味後拌入豆腐，倒進日式蛋捲鍋煎，邊煎邊壓成長方形塊狀。必須翻面將兩面都煎透。

淡雪豆腐名字取得好。可說是夏日的好材料。將寒天泡水兩個小時泡開，擰乾水分，加兩合水煮化，加少許砂糖以文火熬到會牽絲之後，過篩。而豆腐則是捏碎，炒過後過篩，倒入先前的寒天仔細拌勻，再倒進事先以水沾濕的便當盒或套盒，泡水冷卻。凝固後切成方塊，盛盤，淋山葵醋好，醬油也好。重點是山葵要仔細勻開，冰涼的口感委實消暑。

若是將寒天與豆腐在高湯中攪拌化開，以文火煮過之後放涼，在冰箱冰過，像葛粉條那樣壓成細條，盛盤，沾山葵醬油吃也好吃。

夏天禪寺的客人很多。當然有中元的儀式活動，但常有來納涼的客人造訪隱寮，所以傍晚便要上酒席。小沙彌看著豆腐，心裡想著今天要做淡雪呢，還是炒豆腐呢，然後伸手去拿乾貨櫃的寒天。奇怪的是，年輕時在廚房下過的工夫，即使長大後人在輕井澤，仍會與阿彌陀峰上大文字的火焰一起復甦，在舌尖上玩轉、遙想京都。

寫著這些，腦海中便浮現種種豆腐料理，真叫人頭痛。我的作法是無論做什麼，都要與當季的土地商量，所以擬製豆腐一天換一個味道、一種顏色，有趣得很。

田裡的冬瓜長大了。我試著做芡汁冬瓜。首先切出約一寸的厚片，鋪上昆布，以少許鹽煮開。昆布高湯加味醂、醬油調味，以吉野葛做成濃稠的高湯芡汁，澆在冰透的冬瓜上。佐上山椒嫩葉，頗受來客青睞。但其實關於冬瓜我有一段回憶。三年前的六月，我訪問中國時，北京的飯店端出來的冬瓜湯棒極了。中國無論什麼湯都會放進大海碗盛上桌。每個人再各自酌量添用，而女服務生端來的湯裡，只浮著幾片茶綠色怪異的小方塊，感覺很稀。一喝之下，難以言喻的高湯調味得宜，只餘冬瓜的野味，沒有其他雜味，順溜溜地化在舌上。那樣的冬瓜竟然能有這般滋味，我驚嘆一番回國了。好啦，回來一試做，做不出飯店的味道。最關鍵的果然是熬透的湯的妙味吧。昆布也是，如果只用一般高湯來煮，便少了一點味道，我不太會料理冬瓜，一直失敗，卻又忘不了在北京嘗的味道，現在仍努力鑽研，希望這個夏天務必要成功。

嗜豆腐者，摒驕奢，日用儉約之恆蔬自不待言。老人齒牙或虛弱或缺失者，縱使滿桌珍饈美饌，只能眼觀鼻聞而食之不得，即便勉強食之，亦不知其味。近來雖有義齒，然形得其形而不得其義。唯豆腐為無齒之垂垂老者平日亦可大啖之美味。

大醫香川先生有云，今有日本製之本草豆腐，最是潔白柔軟而無毒。

另有仁齋老先生詩一首：

齒搖白脫百難食，
唯覺食中豆腐優。
浩博淮南鴻列解，
未如斯味厚能柔。

這一段截錄自《豆腐百珍續篇》，補充說明自古不但老人喜愛豆腐，更是年輕人款待長輩的好材料。一如仁齋先生的詩，齒牙動搖，甚至口中無牙，很多東西都不能吃了，千千萬萬的食物沒有一樣能勝過豆腐。牙齒漸漸一顆顆離開的我，也很能理解他的這番感嘆。

芡汁冬瓜

一到八月，輕井澤便擠滿了觀光客、避暑客，鄰近的交流道即使非假日也會塞車。單車族也很多，自行車滿街跑。車水馬龍的，我便難得外出，總窩在書房裡，但終年都會來院子裡的松鼠夫婦有些異常，我便記下來。松鼠夫婦是我自行命名的，因為牠們總是兩隻連袂而至，在柳樹下水盆旁的餵食台，吃了我放的核桃、麵包塊、栗子等再回去。後來，這兩隻松鼠沒再來了。我正擔心時，出入的木匠來了，說：

「兩、三天前，那邊死了一隻松鼠。」

「死了？」

「一定是被車撞了。死得太慘，我就挖了個坑埋了。」

我臉都青了。

「在哪裡？」

「外面的柏油路上。」

我心想，那應該就是那對夫妻的其中一個了。我猜想被車撞死的多半是做丈夫

吃閒飯的五郎作，他當然不會做飯，只會吃

的。兩隻一起來的時候，拼命找吃的那個，看樣子是公的，太太則顯得很文靜。當然，我對動物不甚清楚，沒有分辨松鼠公母的能力。只是看人類出門賺錢的都是男方，才這麼想而已。被車撞死的松鼠，一定也是為了帶食物回去給巢裡的孩子，才會來到危險的馬路上的吧。

那之後過了三天左右，我看到一隻松鼠獨自來了。是做太太的。牠看來有些憔悴。只見牠上了餵食台，似乎若有所思地往我這邊看了看，才寂寞地吃了核桃。也許是我想太多，但牠面色非常憔悴。

後來我失去了另一半，看到那隻單獨前來的松鼠好幾次，但到了這個八月中，又看到兩隻結伴前來。新面孔威風凜凜。牠敏捷地跳上餵食台，也不看我，就忙著吃。做太太的在旁邊看。不難猜想，牠多半是成了未亡人，後來又找了一個年輕的。這在人類世界也司空見慣。

無論如何，看著松鼠的生活，也明白牠們和我一樣，因一頭栽進齋食而為張羅食物終日奔波忙碌。在車水馬龍的夏天，新婚夫婦散個步也要賭上性命。在野生動物的世界裡，黑暗也是如影隨行的。

九月之章

九月是松茸的季節。對曾經生活在京都的我而言，松茸畢竟是秋季美食之王，也勾起我種種回憶。尤其令我回想起在衣笠山等持院時，上山恣意摘採松茸的那些日子。

現在衣笠山麓南面、等持院那邊蓋起了立命館大學的校舍，校舍之上還有馬路迂迴，全無往昔的影子。但昭和初期，山角下整片都是等持院的墓地，從墓地還可看到緩坡上茂密挺拔的赤松，有路直達山頂。路平緩得穿著木屐都上得去，九拐十八彎的紅土路旁，整片裏白（蕨葉的別稱）的葉子像海一般。松茸便生長在這片裏白之中。我在若狹時也會上山摘一大堆菇類來玩，因此裏白葉令我懷念，將堅硬的樹枝從根部折斷，用來插摘來的松茸，兩片葉子對生的地方剛好可以擋住讓松茸不掉落，我還記得一次都會帶回好幾串。

現在如何我不知道，但記憶中以前衣笠山是拉起繩子，由山主來管理，不過小孩子都是堂而皇之從繩子底下鑽進去的。松茸生長的地方，必須靠鼻子的直覺才找得到。拿竹片刨地面，翻出帶菇味的紫色土壤後，就要睜大眼睛仔細看，像血痂的菇就躲在裡面。我也曾走在裏白葉上，突然滑了腳嚇一跳，回頭一看，才知道自己不知不覺正走在撐著蕈傘的大松茸海上，因而雀躍不已。有過這樣的曾經，想起當年不禁感嘆以前過得真是悠哉啊。

寺裡的吃法，還是煮湯居多，或是炭烤後淋上柚子汁，也會用鋁箔紙包起來，烤得香氣四溢，再佐柚子。也會做成松茸飯，加少許酒，我還記得客人多的時候，端過一碗又一碗。無論怎麼做，都是用後山採來的松茸，一連好幾天都是松茸全餐的日子，在松茸成了貴重物品、一朵標價數千圓的現在，簡直如夢似幻，難以想像。

來到輕井澤後，一到蕈菇的季節，還是免不了會想起當時。信州的山也有松茸，但在輕井澤，蕈菇之王是紫丁香菇、厚環乳牛肝菌，這些只要在我家院子的落葉松林下走走就能找到。紫丁香菇乍看是我討厭的顏色，在若狹我們會吃叢枝瑚菌，顏色帶紫的菇類屬於毒菇，沒有人會碰。但我來到信州後，折服於紫丁香菇高級的味道。院子裡也會長，有些屋主不在家的空別墅庭院，也會冒出不少血痂般的菇，把這些摘回來後，我會煮湯或烤來吃，剛好去年學會了一種極適合單身懶人的

細心而且迅速，這是精進料理的要訣

紫丁香菇，是庭院落葉松林帶來的味覺傑作

吃法，便在此做個介紹。

首先拿大碗盛飯，擺進蒸籠。等水滾了，碗熱了，熱得無法拿手去碰的時候，把紫丁香菇洗乾淨，大的綜切成三塊，小的掰成兩半，放在飯上。大碗不加蓋，只將蒸籠蓋上，再蒸。等蒸得差不多了，掀蓋，確定紫丁香菇悶熟後淋上醬油。這樣就行了。

將大碗取出來，單身的不妨直接大快朵頤，若有客人，也可以小碗分裝。這所謂的醬油飯帶著濃濃的占地菇的風味香氣，更勝於京都松茸飯的泥土之味。據說有「香莫若松茸，味莫若占地」的說法。我認為一點也沒錯。紫丁香菇的味道一直停留在齒頰之間。

說是說泥土之味，我倒是覺得沒有哪樣食材比占地菇更有土味、山味了。我總認為露水浸潤的落葉松木能長出那般奇妙的黴菌，是大大彰顯了樹木的神祕，但我們必須感謝第一個吃了形同怪物般的黴菌，並向人大讚好吃的人。

走在輕井澤的落葉松林裡發現紫丁香菇，令人格外歡喜，而牛肝菌因數量較紫

占地菇飯

淺蒸占地菇

丁香菇多上許多，也是一大樂事。大的牛肝菌的蕈傘不遜於松茸，但還是以體型尚小時最為可口，洗掉濕滑的外表，燙熟後拌蘿蔔泥來吃，也可以煮味噌湯。但我還是更偏好紫丁香菇，覺得牛肝菌的味道略遜一籌。

據當地人說，雜木林裡還有條紋口蘑、煙色離褶傘、棒柄瓶杯傘，邊走邊找邊挑，可以採到各種蕈菇。但我幼時中過一次毒菇的毒差點沒命，因此不會去碰不易鑑別的可疑之物。佐久木匠總說要小心，有些人不信邪結果倒大楣，吃到劇毒一命呼嗚。所以，就算再有泥土味，要是中了毒可就得不償失了。

去年我看過一篇報導，忘了是信州哪裡（好像是望月那邊，但我不確定），有位好奇心重的老先生，成功以花盆栽培出松茸。說是他到山裡千挑萬選沾有松樹露水的土壤帶回來，填在花盆裡，用那些種裏白還是什麼的，再在葉蔭下灑上菌種，等松茸發芽，辛苦了十幾年終於有了收穫。說來令人豔羡，卻也不知花盆種出來的松茸好不好吃，一個字也沒提到味道如何。人類智能進步，是能夠在室內種出山中蕈菇了，但要入山採集才品嘗得到的山野滋味，室內盆栽裡的孢子種得出來嗎？真想去問問那位老先生，但我連人家的姓名都忘了，想問也問不了。

近來，一入秋人們便嚷嚷著松茸、松茸的，似乎因確實要價不斐也會上新聞。入秋時我常有機會前往京都，即使在松茸欠收那年上館子，店家也端出了小如香菇蒂般的乾貨，令人吃驚。新幹線月台的商店一籃四、五根的標價動輒一萬圓，有一次還看到一朵五千的。那種松樹露水長出來的東西竟然一朵要價五千，真叫我驚訝得說不出話來。對於以往都是上山免費採來吃的我而言，松茸為何變得如此昂貴實在不可思議。於是我打電話到若狹，問弟弟、弟媳是否還像以前那樣，上山採不要錢的松茸，他們回說現在大多數產松茸的山都用繩子圍起來了，商人向地主買權利，夢想一攫千金，卻很少聽說有人如願大豐收。這年頭松茸欠收，令人感到不可思議，以前村子四周滿山松樹、無論走到哪裡都是松茸的秋天一去不返。於是，我問起他們在家有沒有吃，弟弟說：「因為有得意場，我們自己人吃的還有得採。」

所謂的得意場，是位於四面環山的村子的某個山谷深處、一個只有自己知道的松茸的所在。這是我們村子的習慣，就算是私人擁有的山，松茸有入會權，還是可

香莫若松茸，味莫若占地

以自由進出。當然，若山的所有人賣出當年的地面、松茸權就不能進去，但商人沒有拉繩子的地方，女人小孩還是可以自由進入。於是，人們可以進入家傳的「得意場」，悄悄摘採。所以我才會覺得一朵松茸要價五千不可思議。

對了，上次在計程車上聽廣播，主持人談起要價不斐的松茸，提到松茸的營養價值，說是去請教某大學教授，結果松茸完全沒有營養，吃松茸等於喝水，甚至比喝水還不如，我聽了傻眼。松茸相當於從松樹露水長出來的黴菌，要這麼說我也能接受，但完全沒有營養我倒是頭一次聽說。照這麼說，我們吃的就只是形同水的松茸的香氣了。香氣的售價還那麼高昂。還真有意思。

這件事有一陣子了，入秋時我晃進了嵯峨鳥居本的「平野屋」。沒什麼用意，就是一個人走著走著，就走到了那家位於路底的「平野屋」前。心想好歹認識老闆娘便進去打個招呼，從門口往裡看，一屋子客人。那時本就是抱卵香魚的季節，因此擠滿了來自京都、大阪、甚至遠從東京來的預約客。於是我在門口那裡坐下來，賞賞開始轉紅的楓樹下鋪著紅毛氈的庭院景致，看看從門前經過的年輕人，向店家

邊吃邊憶起小時候在京都衣笠山摘松茸——

的女兒要了一瓶酒，就這麼坐著、啜飲著，看似一直在外面的老闆娘滿面笑容地回來了。

「您來得正好。我剛去了山上一趟。您瞧，有這麼好的呢。」

掩在圍裙下的一籃松茸，散發出前一刻還埋在土裡的香氣，圓圓的蕈傘從裏白葉縫裡探出來。老闆娘立刻入內，用帳場的大火盆（這是平野屋的特色，一個直徑約一公尺的鐵製大火盆）的炭火烤了，將面前盤裡堆成小山的松茸送到我的托盤上。我頭一次吃到那麼好吃的松茸。剛剛還在山上的松茸進了嘴裡。那美味，讓我足足喝了好幾瓶酒，天黑後便回家了，但腳也踉蹌了。

後來一問之下才知道，原來「平野屋」代代守護的山就在附近，那裡便形同松茸的寶庫。但那座山也是有些地方會長，有些地方不會，只有老闆娘才知道「得意場」在哪裡。女兒去找的話，恐怕找到天黑都找不到。家傳的私房地點，只有一家之主才會知道，不會輕易外傳，這樣的原則倒是和若狹的人們如出一轍。

小火滾著松茸與昆布，說起來好像很奢侈，但再怎麼說，這都是佃煮之王。昆布也要精挑細選出好的來切細，松茸也選沒被蟲蛀過的，以文火熬一整天，但願意花這種工夫的人變少了，於是我認為捨我其誰，每年都熬上少許。而這松茸昆布也有件事令人難忘。

大阪的北區有家店叫作「竹青」，是以前待過南區的「大和屋」的一位藝妓有些年紀以後開的，和一般的酒吧沒有什麼兩樣，但要開這家店的時候，老闆娘友葉拜託我為店名題字簽名。我因為對字沒有自信便婉拒了，她卻不死心。於是我開出條件：

「關西的松茸很好吃。要是妳有心，願意每年到了松茸的季節，就用昆布煮了寄來給我，我就寫。」她答應了。於是我在色紙上寫了「竹青」寄過去。

季節到了，從她位於甲子園的自家，寄來了松茸昆布，以美麗的壺盛裝，以和紙細心包裹。我立刻打開蓋子伸筷子進去，昆布小而厚，松茸小而緊實，滋味妙不可言。我寄了謝函，回信上寫道：

「我家老太太每年又多了一樁樂事。家母自年輕時起，不做松茸昆布就不痛快，高高興興地包攬了這件事。」

信上所說的老太太當時應該已年過七十。從那一年起一直到今天，每到深秋就會有一壺松茸昆布寄到東京家。「竹青」開店也已經要八年了吧。託福，我家松茸昆布沒斷過。

我把這帶到信州，吃著吃著忽然思索起年近八十的老太太為女兒熬松茸昆布的歷史。之前我也寫過關西這個地方很重視時曆節氣，越是老人，對於什麼季節到了必煮什麼這回事越是尊重。他們有一兩樣頑固堅守到底的偏好之物，而家風正是由此而來。

先前也稍微提到過，松茸也好、占地菇也好，頭一個吃這種形同怪物的東西的人，勇氣可嘉，但我想查查到底是什麼時候開始把這些當成食物的，便翻了白雲庵主人所著的《野菜百珍》這本書。出現在其中一節的〈話松茸〉中提到：

慢煮松茸昆布

我國亦自古便食用松茸，《愚昧記》中安元三年九月廿六日記有一條「向光明寺，為狩松茸也。山上有小屋，竹柱茸榻葉。於此所盃酌」。

這便成了記錄光明寺是洛西的松茸產地、八百年前便有採松茸之舉的資料。而定家也有詩歌說：

北山有松茸，鴨川河畔有蓼花。
欲將松茸採，先將河畔蓼花摘。

至於為何明明是要去採松茸，卻要先去摘鴨川的蓼花，是因為上了山，若採到的是松茸就沒事，若誤食毒菇便會腹痛。當時認為喝下蓼花擠出的汁能解食物中毒，換句話說，蓼花是為了預防毒菇所攜帶的藥。由此可知，當時松茸便已是達官貴人遊山的目的，既然能以此視京都為採松茸行樂的發源地，那我也大可想像頭一個親嘗並鑑別出各種蕈菇的人。八百年，說起來是一段蒼茫渺遠的歲月，想像一個深入山中一一嘗試的孤獨男子，只覺飲食歷史底蘊之深厚。

聊了松茸，卻沒怎麼寫到松茸料理。如果要舉出一種我喜愛的松茸料理，非手撕松茸莫屬。只要撕開烤好的松茸，擠上柚子、橙汁即可，因此我推此為王。茶碗蒸、土瓶蒸、松茸清湯、松茸飯——松茸料理不勝枚舉，但這一道每個家庭都能做，不需要特別的技巧。我之所以說手撕松茸好，是因為松茸最重鮮度，一旦風味消失，神仙也難救。不僅松茸，占地菇類也是如此，即使在輕井澤，從院子裡採來的我也不會久放。採回來就要馬上清洗瀝乾，當天晚上祭五臟廟。

忘了是在哪裡吃到的，因巡迴演講而去的關西某地，早餐端出了一小盤甘煮松茸細絲，美味驚人，小小竹籤上串著小指頭大小的三塊松茸，成串煮出來的。問了老闆，說是拿酒、砂糖和醬油煮的。收汁收得不夠乾會很難吃，想來好吃的祕訣便是收到濃濃稠稠的。

先前提到的松茸昆布也是，拿新鮮松茸煮透，調味的外表之內便會充飽風味，香氣久久保存在壺裡。像這些，就算學者再怎麼挑剔說沒營養，松茸依然有厚實的土味，我不明白怎麼會有人說松茸像水一樣。不過可以感覺得出那位主持人是傻眼於松茸價格之高，多少有些誇大。這方面有沒有人願意為我講解一下？松茸真的沒有營養嗎？為了八百年後的今天仍穩坐秋季美食王座的松茸，我忽然這麼思索著。

十月之章

十月是山上果實成熟的季節。輕井澤的氣候也最宜人，夏季的熱鬧已去，人也好馬也好，山也好田也好，整座城鎮重拾寧靜日常的季節。遠離夏天擠滿年輕人的舊道與車站前人潮，難得外出的我，會穿上長靴，走進山中，因為在閑雅的雜木林向陽處，木天蓼、黑醋栗、草木瓜的果實正等著我來採收。原本入山是為了順道採收附近山裡長出的許多栗子和蕈菇，而摘樹木的果實，是為了今年也想做一做果實酒。

教我做木天蓼、黑醋栗果酒的，是我住在湖城的山上時，住在附近的前同志社大學校長星名泰賢伉儷。數年前，這對賢伉儷在十月初來訪，將他們精心製作的草木瓜、黑醋栗酒交給我，便回京都去了。他們將剩下的酒留給我，好讓我在當地過冬，當時我也將我親手做的梅乾送給夫人，於是成了以物易物。星名老師對我說：

「你明年也開始做吧。我把教科書留給你。」

然後留下了一本原色印刷的小冊子，當中簡略地以圖解方式說明了製作果實酒的工序，對我來說非常方便。當晚，我獨自試喝了老師和師母給我的兩種果實酒。

用山上雜木林採收回來的果實所釀製的酒

好喝極了。尤其是草木瓜酒，無論香氣也好、帶著金黃色澤的顏色也好，都無可挑剔，味道超群。

「草木瓜為果實酒之王。芳香超群，歐洲各國經常釀製，深受王公貴族喜愛，歷史悠久，可追溯至西元前。」老師給的小冊子上是這麼寫的。

一喝我也宛如成了貴族，從那一年開始，我便深深為果實酒著迷。

草木瓜生長於濕氣較重的雜木林蔭處，要仔細找才找得到。果實大小與大顆梅子相當，又青又硬。因顏色與葉子相近，要睜大眼睛凝神細看，不然就會錯過。只要找到一株，運氣好的話大概能收穫三十來個。果實數量年年不同，但若找到的樹結的果實少，便深感這草木瓜果然貴重，也難怪王公貴族喜愛。

相較之下，木天蓼則是樹的個頭很高，果實像是成串的綠色毛豆莢掛在枝頭。要用擰的才摘得下來。

黑醋栗也叫淺間葡萄，比若狹等地的山葡萄來得小而硬，熟透了變成紫紅色，採收的時候甚至會讓手染色。最近，城鎮裡的人也像若狹的松茸一樣有自己的「得意場」，一早就出門去採，所以我也不能輸，一大清早起來耐著性子到處找。因此，秋天的山中健行就是為了找尋這些果實，於是變成清早出門，傍晚回家。

我的作法是以星名老師所傳授的為範本，參考小冊子來做，但或許比較接近自己亂做一通，恐怕當不了範本，但還是介紹一下此刻仍貯藏在我家廚房架上那兩、三種果實酒的作法。

首先是黑醋栗，將摘採回來的果實仔細洗淨、風乾之後，放入瓶蓋很緊的貯藏用玻璃瓶，加入果實量四分之一左右的冰糖，加以密封。有些作法是加入燒酎或清酒，但我一概省略，僅靠冰糖來釀。過了兩個月左右，果實便會自己出水，上層浮現清澄的液體，雖然這還沒有釀成，卻是難以言喻的濃稠精華，杯中盛上些許，加入冰水攪拌均勻，便是一杯特別的果汁。一年之後，上層的清澄液體便會變得醇郁而濃稠。這個時候，果實已經脹大了些，有如紅豆大小，用湯杓舀出來倒入酒杯，附上牙籤，當作茶點待客。客人會瞇起眼，將這黑紫色的顆粒放進嘴裡，邊問這是什麼。而我則不怎麼解釋。

「是山上黑醋栗的果實。」我只會這樣簡單回答。

過了兩年，這果實會更加柔軟，當種子和皮都會在舌頭上化開時，甜甜的果子便會散發出濃濃的成熟酒氣，這是時光蘊釀出來的風味。我不知道這是否該叫作酒，但這是黑醋栗本身釀造出來、千真萬確的酒沒錯。

在《本朝食鑑》這本書中，有葡萄酒這一項，內容如下：

暖腰腎，潤肺胃。製法是將成熟變成紫色的葡萄去皮，連皮帶渣加壓過濾，一併以瓷器盛裝，靜置一晚，翌日再次過濾取汁。將兩日之濃汁一升以炭火煮沸二次，放置地面，待冷卻後，加入三年之諸白酒一升、冰糖粉末百錢拌勻，以陶甕封藏，經十五日餘釀成，或經一、兩年更佳。經年之物色濃紫，質如蜜，味似阿蘭陀（尼德蘭）之知牟多（チムタ）。世多稱賞。釀製此酒之葡萄品種以蘡薁最佳，即山葡萄，俗稱之黑葡萄亦宜製酒。

用山上雜木林採收回來的果實所釀製的酒

其中所說的諸白酒，是以白米、白麴釀成的酒，意思是頂級的酒。可惜我不識尼德蘭的知牟多是何滋味，但我所自製的黑醋栗酒滋味如何倒是熟悉得很。

話說，最近我都是拿私釀了三年、極濃極稠的黑醋栗果實酒，代替果醬塗麵包。那味道委實精緻細膩，大勝那些越橘、桑葚果醬。雖會有種子的顆粒感，但這何嘗不是另一番滋味，獨特的辛甘味，正是王者風範所在。若此物「暖腰腎，潤肺胃」，豈非良藥可口？

其次是草木瓜，作法是買來上好的燒酎，視當年草木瓜的數量酌量增減，將草木瓜放入瓶中，倒入剛好可以淹過草木瓜的燒酎，加一把冰糖，密封。不到一個月，液體便會增加，上層的透明液體呈金黃色。以葡萄酒杯裝這上層的液體款待客人，芳香可媲美星名傳授的味道。甘味實乃天下無雙，果實味久留舌上不散，直入鼻腔深處。

木天蓼也是以燒酎來泡，但不知為何，顏色偏淡，與草木瓜相較，甘味較少，但味道纖細，散發獨特的苦味。有些客人認定這可以增強精力，想多喝幾杯。對這些客人，我會說貓的故事。貓愛吃木天蓼，喝多了只怕會變成貓，只是，變成老虎的人是有，變成貓的女性我倒是還沒見過。

很少有書提到草木瓜和木天蓼酒，《本朝食鑑》中亦沒有記載，但有以下這段記述：

近來家家戶戶熱愛製造藥酒與果實酒等來飲用。每每以燒酎或陳久酒（老酒）釀造。殊不知，此等藥與果實即便對症，若每日浸淫，則酒之熱毒滯留腸胃，長久積害而不自覺，何時發作難以預測。更何況肥薩之泡盛、阿羅岐、火酒集辛熱香烈於一身，阿蘭陀之葡萄、知牟多為外國之穢物，避邪驅惡之猛烈銳利有之，何敢言其性質有益人體健康？起陽壯精僅一時之效，不過蠱惑人心而已。自古以來均戒夜飲。惟，老人、寡婦與憂鬱之人夜不能眠，酌飲一、二盞，引睡意以期安睡。除此之外，豪放、淫亂之人連夜酒宴，通宵達旦，沉緬於酒，下場唯有失度。

這本書是江戶時代的御醫所著，因此在書中說阿蘭陀的知牟多喝多了是穢物。木天蓼也不例外。

釀製木天蓼酒和釀黑醋栗酒的事寫到這裡，我倒想起兩件事。其中之一，是我自己對猴子酒的幻想。小時候，我還在若狹時，曾聽一位老人家說，到了秋天山上結果子的時候，猴子就會採收，並貯存在其他動物不會靠近的大樹上方的樹叉，或是樹枝折斷之後的樹洞裡，釀成酒。據說這狡猾多智的類人動物將木天蓼、橡果、栗子等分別採收，分處貯藏保管，等著下雨。果實泡在積了雨水的洞穴裡，受到陽光的照射，形同自然煮沸，入夜又冷卻。猴子深知這個道理，待洞穴裡浸泡著果實的雨水慢慢發酵，再呼朋引伴舉行酒宴。

我連告訴我這件事的老人家的長相都還記得，每當我覺得猴子真聰明，就會想起這件事，不禁莞爾。若狹的深山裡有時也有猴子，看到牠們成群結隊、唱歌跳舞般吵鬧時，我都當作是牠們喝果實酒喝醉了。

我小時候沒有叫作青椒的青菜

辛（醬）煮辣椒

說到這裡。再稍稍扯遠些，我少年時，歌德的長詩《列那狐》由井上勤譯為《狐狸的審判》是廣為人知的名著，其中有一幕是壞狐狸列那瞞著其他動物，將不知是狼還是猴子精心釀好的天然貯藏酒全部喝掉。這些酒是不是儲了雨水發酵而來，歌德沒寫，但我讀這本書時，也對野獸會各自想方設法做果實酒來喝深感興趣。

另一則幻想，則是在看到山頂上的大樹斷裂，斷裂處的頂端變平了，而老鷹停在那上面的時候。老鷹的雙腳停在那棵樹的最頂端，睥睨四方，我便會聯想，牠腳下一定有洞，那洞裡是不是就存放了很多老鼠啊、蛇啊、麻雀等等的屍體？當然，這是來自猴子在樹上釀酒的聯想，但老鷹的話，將食物收集在那裡，積了雨水之後會變成什麼酒？關於這個，我在《雁之寺》裡寫了我的故事，在《文和啊，從樹上下來吧》（ブンナよ、木からおりてこい）也寫過。每次進了山，看到古老巨樹折枝的地方、被扯掉後變得圓滑的地方、以及樹瘤後方的樹洞，就不禁覺得那裡一定是野獸釀酒或儲存食物的倉庫。

我一早走遍輕井澤的山，為了要比城鎮裡的人早一步找到有果實的樹，一雙不斷搜尋的眼睛像老鷹般發出凶光，但是一看到我喜愛的果實酒的果實，那發出凶光的視線也會柔和下來，想來有點悲哀，我沒看過自己的眼光也不敢說得很肯定就是了。高野吉太郎先生的《果物風土記》（每日新聞社出版）中說道：

「現在釀製果實酒被視為治療文明病的仙丹，正引起一陣風潮。以前的人沒有文明的眷顧，與自然休戚與共，將草木所生的果實稱之為『菓』，享用草木果實所得之益為『藥』，釀製『果實酒』而為『菓之藥』。因而，果實酒作為家傳祕術而非生計，製法代代流傳下來。」

若是自古相傳的祕密以口傳的方式由子子孫孫承繼下來，那麼那位創始者肯定是仿效老鷹或猴子。各位可能會對我的奇思妙想不屑一顧，你們認為呢？人類也有作為猴子的時代，若要追溯吃果實當藥、當菓的古老根源，無可否定就是猴子酒了。只不過當初的樹叉是現在的玻璃瓶或陶甕罷了。誰還能笑那隻停在樹頂的老鷹呢？

這個月談山上的果實談太多，用來寫我的家常菜的空間變少了。來到田裡，古人忠告別給媳婦吃的秋茄，在西斜的陽光下碩大成熟。茄子旁的辣椒，在整個夏天為我的膳食帶來樂趣，也長出了最後一批成果，結實纍纍。仔細看攀爬在地面上的黃瓜蔓，大大的黃瓜躲在變黃的枯葉底下。我先連根拔起辣椒，準備過些時候來種蘿蔔。將辣椒連果實帶葉子全部拔起來洗乾淨，加醬油、砂糖和味醂，小火慢煮。令人驚訝的是，輕井澤的辣椒（好像不盡然是不同的品種），似乎都有市場上的青椒那麼大，不是垂下來而是朝天長的。我在若狹的時候，尾端尖、味道辣的叫作「天向唐辛子（テンムキトウガラシ）」，但在輕井澤，尾端圓圓的不尖的，也是朝天的。這種辣椒辣味適中，葉子煮起來美味極了，光是擺在熱白飯上，我就可以吃上三碗，客人也喜歡吃這個當下酒菜。

這辣椒除了果實本身，若是葉子有多，可以丟進來做蔬菜天婦羅，吃個野趣。其他像是茄子、青紫蘇、地瓜、蓮藕，什麼都能丟進來炸成天婦羅。在土裡時的新鮮風味，被封在麵衣裡，來到舌頭上，每一種食材在前往胃的路上唱起歌來。所謂的蔬菜天婦羅，雖然裹上麵衣看起來好像都一樣，其實是蔬菜的交響曲。

上上個月，我談到我在輕井澤找到一種和京都的濱萵苣很像的涼拌菜，這邊稱其為輕井澤菜。一位住在追分的讀者告訴我說，是的，超市牌子上寫的確實是輕井澤菜，但真正的名字其實是「甜菠菜」，還說你這個有背景、有學養的人，竟然這麼偏心輕井澤。

我並沒有偏心輕井澤。我最愛行雲流水，無論住哪裡都無所謂，只不過基於某些原因現居在此。只是因為剛好住的地方是這個樣子，便努力適應附近的山野生物，入鄉隨俗罷了。有人從京都寄各種蔬菜給我，我會很高興，但打開包裹的時候，有時也會覺得這些來自他鄉的蔬菜好像一個個都在發抖。

換句話說，因為這裡偏冷，雅緻的京都蔬菜不適應。輕井澤有富含輕井澤野趣的蔬菜水果，這是當地之寶。住在這裡，就只能去習慣當地之寶。所以超市的牌子上寫「輕井澤菜」，我便直接引用了，不知道專業名稱的我於是出了醜。

沒有哪一種蔬菜是全世界一致的。靠著標本書，我們知道蔬菜是以各種不同的名稱來區分的，即使是同名的蔬菜，在不同的地方吃了後，驚覺樣子、味道都截然不同，反而是很平常的。所以說，這些地方的菜名都沒有叫錯。這樣似乎是在反駁

用麵衣裹起蔬菜們在土裡的記憶

充滿野趣的輕井澤當地農產

讀者的忠告，但種子袋上大大寫著「某某蘿蔔的種子」，我每年在田裡種上幾種，但我的田裡卻從來都沒種出過與袋子上印的名稱和圖片一樣的樣子和味道。土壤很不可思議，會改變東西的性質，養育出我們的田地風格。當我種出奇怪的蘿蔔，我會品嘗，也向人介紹為「輕井澤蘿蔔」。

我要再說一次，世上山野所生的東西，沒有一樣食物是完全相同或完全普及的。就連米，不是也有「越光米」、「若狹米」嗎？仔細觀察，食物會以當地的風貌與味道，呈現在膳食裡。生長於京都的叫「京菜」，生長於野澤的叫「野澤菜」，在輕井澤，甚至沒有與野澤菜相似的菜，我認為這很不可思議。我之所以說蔬菜天婦羅是蔬菜的交響曲，便是包含了品嘗這些個性的意味在內。

十一月之章

這個月的季節山上仍有果實。栗子、橡果、草木瓜、木天蓼、黑醋栗，走進我家四周的雜木林，便有這些野生的果實靜靜等著我。若逢栗子盛產的時候，我家的庭院曾一年採收二斗五升[15]之多。庭院中有五棵樹幹粗得我雙手只能勉強合抱的栗子樹，以前這一帶據說叫作栗山，房子等於是蓋在栗子森林裡，所以只要去庭院撿個五分鐘，就能撿到滿滿一小籃栗子。

每年我都請客人撿栗子。明明每天早上我都會去巡過、撿過，客人還是能開開心心撿到兩大把栗子，然後拿到爐邊用爐火來烤這些栗子。再怎麼說，用炭火邊的灰煨熟的栗子最好吃。事先用牙齒啃掉一小部分的皮，掀開一個小口，就不會像燙傷猴子那樣爆開來[16]。烤到膜也焦掉之後，把栗子排在爐邊的石頭上，用指腹去揉。炭化的表皮和膜一下子就會剝離，黃色的果肉冒出熱氣再送進嘴裡。我看過烤地瓜的招牌寫著「九里半[17]」，同樣是栗子，我敢說在我家爐邊吃的是十里之味。若連果肉都烤到有點焦焦的金黃色，香氣更是加倍濃郁。

因為去年豐收，整個院子都變成栗子海。我用竹耙子掃起來，做了很久沒做的栗子乾。栗子煮熟、煮軟之後，瀝乾，用粗針串成一串。把成串的栗子掛在屋簷下風乾，到了冬天，再慢慢敲碎來吃。那栗子乾硬得咬下去牙都會痛，但在嘴裡含久了，便會含出難以言喻的甘甜，味道堪稱繼烤栗子之後的第二名。

當然，因為正值產季，我也會做栗子飯。我做栗子飯的要訣是：留一點膜一起煮。內人會將栗子膜去得乾乾淨淨，拿菜刀像扒掉和服般去掉厚厚一層，但不知為何，我討厭剝得光溜溜的栗子。像削柿子那樣削掉那麼多，好好的果肉都少了一半。我這樣或許小氣，但我會拿菜刀的刀鋒，喀哩喀哩地往自己的方向刮，只刮掉膜。把栗子泡水、泡透之後，加進米飯裡。這或許不是正統作法，不過留下少許膜會讓味道更好。煮出來的飯我也覺得顏色更好。膜的澀味讓整鍋飯充滿山的香味，

15 譯註：日本的升、斗是容量單位，1斗相當於18公升，因此這裡2斗5升大約是45公升。

16 譯註：此典故出自日本民間故事猴蟹大戰。故事中，小螃蟹在猴子回到家前，將栗子放進火爐中。猴子回家急著烤火取暖，於是被爆開的栗子打傷，小螃蟹們得以為父母報仇。

17 譯註：一般烤地瓜是「八里半」，因為「九里」音同「栗子」，八里半是表示烤地瓜的味道幾乎和栗子一樣好吃。而文中的「九里半」就意味著比栗子還好吃。因此接下來作者說十里之味，就是比栗子還要超越栗子的好吃。

庭院裡有五棵大栗子樹，以前人們好像把這一帶叫作栗山

懷念母親做栗子乾時
那雙骨節分明的手

無可形容。精進料理的精髓在於吃得當季當令，我認為栗子飯中新栗之於米飯的作用簡直形同得道，不知讀者是否會笑我。

蘿蔔也好、小芋頭也好，削皮的時候我一定會想起和尚的提點。

「皮不要削太厚。那等於把最好吃的地方丟掉。」

有一說也認為，牛肉也是經常活動的臀部靠近皮的肉最好吃。若牛肉這個例子不好，蘋果也可以。最接近皮的果肉更脆更有野味。所以，像小芋頭，我只會拿棕刷刷乾淨，期待皮脫落，很少動菜刀。栗子的膜與小芋頭的皮不同，因為伴隨著澀味，所以也許會有人嘲笑我這種小氣的作風，但即使會留下一點澀味，只要把它變成甘甜就好了。很神奇。當澀味化在米飯的溫熱中，就會變得可口。

有時候，宮永真弓先生會從九州宮崎寄大栗子給我。南國的栗子熟得早，總是在九月初寄來，稍晚一些，丹波的寺那邊也會寄來。這些栗子都比輕井澤的栗子來得大，果肉是漂亮的金黃色，看起來就很甜，但不知為何輸給這邊個頭小的山栗，我覺得大栗子水分偏多。因此，我會等客人到了之後，拿出冰箱裡做好的蜜紅豆，用小鍋子煮開，加入五、六顆大栗子，做成栗子紅豆湯。這時候，我就會特別繃緊神經，把膜剔乾淨。

與加在米飯裡時不同，加在紅豆湯裡時，澀味或多或少都會存留下來。到底為什麼會有這些差別，我不知道，這得問米飯和紅豆，但不幸的是我聽不懂它們的對話。我想，大概是米飯喜歡澀味，紅豆不喜歡吧。生物都有它們的特性，與人類的男女相同，合不來的，就像去不掉的澀味一直與其他味道起衝突。夫婦間不也常見到類似的情形嗎？

說到栗子乾我想起一件事，是我還在禪寺時正月的回憶。在寺裡，栗子乾從來沒缺過，也不知是誰帶來的。庭院裡並沒有栗子樹，所以應該是哪個親類寺[18]每年季節到了送來的吧。那時候我還小，不知道和尚是從哪裡弄來的，只知道要來吃。

元旦的早上，小沙彌要五點起床，來到本堂，穿上唯一一件白衣，完成日課。京都的冬天很冷。走廊、榻榻米上都跟冰一樣冷。光腳站在上面，風從四面八方吹

18 譯註：查無「親類寺」的確切定義，推測應為同宗、關係相近的寺廟之意。

來，冷得手指腳趾都沒感覺。吸著鼻涕誦完經，來到書院，鋪著紅毛氈的八張榻榻米就等在那裡，向外看得到庭院，唯有水池旁的黃金萬兩（硃砂根）紅紅地發亮。外面仍是天還沒大亮的夜色，師兄弟們看著庭院裡冰一般的景色依次坐下來，當值的小沙彌便往坐在上座的長老面前，端上大茶杯裝的昆布茶。接著，也給弟子們昆布茶之後，會發給大家用半張半紙[19]托著一小塊敲開的栗子乾。

「恭賀新禧。」

這是給師兄弟的暗號，所有人都手扶毛氈，向長老行禮：

「恭賀新禧。今年也請多多指教。」然後各自將面前的栗子放進嘴裡。

因為只有一點點，放進嘴裡之後，用臼齒喀哩喀哩地咬。當下肚子正餓著，這被咬碎的栗子不可能一直含在嘴裡不吃，如此一來，那令人捨不得馬上吃掉的甘甜便在舌頭上打轉。在享受這味道許久之後，才喝一口熱熱的昆布茶。栗子還留在嘴

19 編註：日本紙的一種，原先是從大張的「杉原紙」裁切一半而成，故稱「半紙」。今多用於寫書法，類似宣紙的功用。亦有將半紙泛稱類似「半紙」大小的各類紙張。

煮栗子飯

裡，再喝一口昆布茶。在這段期間，一小塊栗子乾會漲大到大大占據舌頭。因為昆布茶暖化了栗子乾。當時栗子的味道和茶的味道，是多麼地深入受凍的肚腹啊。由可口的栗子和溫熱的茶所交織的旋律，是絕無僅有的。

明明是小時候的事，但我現在只要看到栗子乾，便會不由自主想起修行中的正月元旦清晨的寒意，在口中溫暖漲大的味道也會復活。

我在輕井澤連一點點栗子都捨不得浪費，串成一串，掛在暖爐上，就是因為有這一段回憶，但來訪的編輯或有些無心的女性訪客，看到暖爐上的東西便問：

「這是什麼？」

「栗子乾。」

「好奇怪喔。可以給我一顆嗎？」

「好啊。」

我會擦亮我監視的眼睛，看著女性訪客從栗子串上抽出一顆放進嘴裡，結果一定是——

「啊啊，好硬！」然後吐出來。

真浪費，她不知道栗子乾怎麼吃。不知道只要含在嘴裡，就會變得像冰糖一樣甜。這時，我會想告訴她怎麼吃，但又作罷。因為一懂得栗子乾的美味，我的栗子串轉眼就會消失。我向來都這麼寫：「好吃的東西，最好自己一個人偷偷獨享」，即使是一顆栗子乾，也有兩種吃法，看是要難啃得崩掉牙，還是甜得醉人。所以，這條路是探究不完的。

話說，比栗子結果稍稍晚一些，信州的核桃也進入盛產期。不知為何，輕井澤核桃很少，但只要開車往小諸到東部町那帶，國道旁有樹林，多的時候可以看見成串成串的果實在枝頭結實累累。為了來我院子裡的那對松鼠夫婦，也為了我自己，我每年都會囤上許多，有時候我會拿核桃鉗把核桃仁敲出來吃，有時候拿來拌味噌吃。也沒有什麼祕方，就是拿白味噌和信州味噌拌在一起，加上撕碎的山椒嫩葉，放在研缽裡仔細研磨。加少許味醂、砂糖，邊加邊用手指沾來試味道，等味道差不多了，灑上磨成粉的核桃就完成了。這味道相當不錯，可以用來佐白蘭地，也可以

膜也是果肉的一部分，炊煮後有微妙的甘甜

用來搭配日本酒。至於不好酒的女性，可以嘗試配熱騰騰的白飯，每個人都會再來一碗。

十一月的田會變成什麼樣子？辣椒被拔去煮了之後，田裡就只剩下蘿蔔，而輕井澤的蘿蔔照例是又細又短，但野味濃，所以我會與菊花瓣一起做成醋味涼拌。蘿蔔切絲，越細越好，與撕開的菊花瓣一起汆燙，然後用研缽就可以，灑鹽揉一揉，一直揉到變軟，加兩杯醋以小碟盛盤。新鮮的蘿蔔與澄黃的菊花瓣，苦甜交織的清爽滋味在舌尖化開。這也算是品味季節吧。

到了這時候，冬天也近了，所以在此介紹一下，食材欠缺的山上生活中的一、兩道花了心思的菜色吧。

一、**蒟蒻山椒燒**。蒟蒻以滾水煮過，趁熱放入竹篩，放涼，視喜好（切片最佳）切薄。在醬油與酒調成的醬汁中加入味醂和砂糖，煮沸。以中火煎之前放涼的蒟蒻，浸一下醬汁，回鍋煎再浸醬汁。這樣重覆三、四次，煎到蒟蒻入味，兩面灑上或沾上山椒粉，以小碟盛盤。客人會納悶，因為味道吃起來不像蒟蒻。輕井澤附

十一月的田裡只剩下蘿蔔

高原的土今年出產的最後一部作品

近的下仁田町是蒟蒻產地，產量占全日本的百分之九十，山上的田是大片大片的蒟蒻海，這裡有一種叫作「山鯨」的特產，就是以蒟蒻仿鯨魚肉，做成生魚片的樣子來吃。我去過也吃過，生魚片有些水水的，沾足夠的醬汁去煎，就能去除多餘的水分。換句話說，算是蒟蒻的「照燒」吧。

二、**蘿蔔風味燒**。田裡拔回來的蘿蔔去皮，粗的切半，再切成兩公分左右的厚度，以蒸籠蒸到軟。另外以味醂和醬油如上述蒟蒻的醬汁那樣事先做好，煮沸，將熱騰騰的蘿蔔放進去，入味之後用竹籤串起，以中火煎。兩面都要煎過，煎到醬油焦了，香味就出來了。這就是水上流的蘿蔔「照燒」。一定要試試，試了就會明白，凡事都看用不用心。蘿蔔也能把鮪魚比下去，就更別說鯨魚了。

三、**田樂馬鈴薯及其他**。馬鈴薯種在田裡，等秋天過了一半，就必須種蘿蔔，所以我的作法是把馬鈴薯全部挖出來，放進紙箱收在地下室裡。每天取一點出來變著樣子做。

首先是田樂，馬鈴薯洗乾淨，帶皮煮。拿筷子去戳，能夠戳到中間就算熟了。

從水裡取出來，去皮，灑少許鹽，再加上麵粉，揉到帶黏性。待黏性強了，分成姆指頭大小的小塊，揉成圓形，丟進煮沸的熱水裡再煮。如果沒有加麵粉充分和揉，這時候就會散開不成形，所以要特別注意。煮好之後，拿竹籤把幾個串成一串來煎。這個也是先做好醬汁，浸了再煎，醬汁也可以加味噌。說起來，也就是馬鈴薯丸子吧。

其次，做成一般的串燒也很好吃。洗淨後以熱水煮，煮沸後趁熱去皮，用免洗筷串起三個左右，拿到火上炙烤。將芝麻、砂糖、赤味噌拌在一起，加酒稀釋到出現黏稠狀。馬鈴薯先烤之後，拿刷子刷上醬汁，再繼續烤，烤到香味出來後盛盤上菜。若醬汁調得甜一點，也可以作為小朋友的點心，愛酒人士也頗為喜愛。

換句話說，冬天在地下室沉睡的馬鈴薯，只要稍微在醬汁上用心，就能變身為一道熱呼呼的好菜，值得一試。

四、**田樂里芋**。這還是運用沉睡的里芋。里芋的話，必須把黏性完全洗掉，用昆布高湯來煮。大大小小一起，小火耐心煮。煮軟了之後，小的三個、大的兩個串成丸子狀。另外事先將白味噌、赤味噌、味醂以中火煮到濃稠，刷在里芋上，像馬鈴薯丸子那樣去烤。小的里芋也可以乾脆拿來做蒸里芋，但像這樣多幾道工便能突顯心意，餐桌就熱鬧起來。很快，十分鐘就能做出來了。

方才，我對放在紙箱裡的馬鈴薯和里芋，到了冬天如何活躍做了小小描述。天冷的日子也可以用來做建長湯，但想要做一道菜的時候，這樣運用馬鈴薯和里芋也很有意思。這雖是冬季精進料理的常識，如今在一般家庭裡，很多事情卻都寧願省事就好，在一道菜裡挑大梁的榮譽通常就沒有馬鈴薯的份。這是我在山上，懶得外出的日子想到的，這些都是我想起小時候，和尚在訪客登門之後用來做菜的技巧。回想起沉睡於舊日的事物，放在舌尖上品味，讓每一個毛孔都沉浸在懷舊之中，心裡溫暖許多。很多男性都認為君子遠庖廚，我卻認為，**對於想最貼近地回顧自己的過往、回想起那些生命歷程的人，重現隱藏於舊日的飲食才是捷徑**。

難道不是嗎？一個好好的大人，為何聽到祭典之夜的太鼓響起便坐不住？那是因為小時候曾經坐在父親肩上觀看神社的人群的記憶令人懷念。還有路邊攤賣的椪糖、棉花糖、一錢洋食[20]，每當醬汁的焦香味撲鼻而來，有人就會有想流淚的衝動。男人也好，女人也罷，之所以說味覺是隱藏於一個人一生中的精神史，便是源自於此，我們只是忘了過去的美味罷了。而太鼓聲不過是喚醒了那些記憶，料理也不例外。

從我寫作的書房，可以看到栗子樹梢。今年不知為何，成果不豐。去年撿了三十六公升之多，做了栗子乾，還能分許多給客人，今年這樣未免令人有些失落。根據相關書籍，栗子也好、橡果也好，有些年會發了瘋似地結果，但次年就長不出幾顆。但約二十棵栗子樹裡，有一、二棵結了少許毬果。這一、二棵大概是去年沒有結果的品種吧。樹也和人很像，工作之後就想睡，所以也不能怪它們今年不結果。只能讓它們喘息一下，祈求明年再豐收了。

20 譯註：大正時代起出現於近畿地區的一種簡易小食，在煎麵糊上加上蔥、肉末等，最後淋上伍斯特醬。由於麵粉、伍斯特醬在當時被視為外來的飲食，一份賣一錢，因此稱為「一錢洋食」。被視為什錦燒的原型。

不只我的庭院，別家院子裡的栗子也都不見毬果的身影。這樣的冬天，不如把焦點放在暖爐上從去年留到現在的栗子乾吧。我並不會因為栗子樹沒有結果感到難過。因為我的存貨足以讓我到正月還有得吃。喔，就連在山裡，只要用心，也能夠與樹木一起共享喜怒哀樂呢！抬頭看有葉無果的栗子樹，我心中湧現這番感懷。

十二月之章

冬眠的山就是冷清。入秋後，我滿心滿眼都是田裡和山裡冒出來的蕈菇，以及收穫了琳瑯滿目堪稱慶典的果實，倒一直沒提我家四周的景色有多美。只顧著談吃食，若談談樹木和風的顏色是如何變化、如何褪去紅衣入冬、太陽細緻的偏移，也是令人滔滔不絕，樂此不疲，卻又若有所失。

簡而言之，整個夏天覆蓋了庭院一角的大栗子樹，庭庭如蓋的樹葉先變成澄黃色，一到十一月底又變成茶褐色，風吹葉落，鋪滿整片庭院。當然，與此呼應般，楓葉也變了色、日本辛夷也變了色，除了松樹和冷杉，所有雜木都換上或黃或紅的葉子。尤其是野漆、衛矛、西南衛矛之流，簡直如噴上顏料般，火紅得真想讓讀者一睹為快。然而一旦起風，大風颳上兩、三天，這些紅葉便散落一整個院子，接著便如枯木般，樹枝空懸，徒留一樹光禿禿的淒冷。到了這個時候，樹木也都陷入沉睡了。天氣開始結霜，早上即使燒起暖爐，脖頸還是冷。淺間山山頂很快便像灑了鹽般冠上初雪。

我天天拿竹掃把掃樹下的落葉，堆成好幾座小山，遇上大晴天便點火來燒。夏天除草後，堆在一角用來當作田裡肥料的枯草，雖然潮濕，也加進枯葉一起燒，於是火無法盡情燃燒，會整天悶燒著啪嘁啪嘁作響，有時火一下燒很旺，有時又只是冒著白煙。我會在這篝火中，塞進用鋁箔紙裹起來的馬鈴薯。有時候也會用同樣的方式來烤地瓜，不過怎麼樣都比不上馬鈴薯。將不大不小的馬鈴薯洗乾淨，帶皮用鋁箔紙包好，塞進火灰裡，這樣烤出來的最好吃。

在忘掉有烤馬鈴薯這回事的時候，拿棒子撥出來，打開鋁箔紙，扯下一根樹枝戳戳看，變軟了就可以了。移到庭院的石桌上，看是要灑點鹽還是加點奶油，拿湯匙挖來吃。喔喔，多美味啊！也許有人會說，不過就是個馬鈴薯，但這馬鈴薯真真是細膩地醉人舌頭。

這篝火勾起的回憶之一，還是和尚做給我看的灰烤澀柿子。這裡的澀柿子在若狹叫作大四郎柿，頭尖尖的，這種柿子一定要等到熟透才能吃，把還有些硬的澀柿子用和紙或鋁箔紙包起來，塞進篝火裡。時間差不多了便取出來，一樣拿根樹枝去戳，若是烤好了，就拿盤子盛起來，再以小碗裝麩粉（若狹和京都是這麼叫，不知

慶典結束了，落葉回歸大地之母

道信州這邊是什麼名字，總之是大麥磨成的粉），將烤好熱熱的柿子放進碗裡壓碎，連著粉一起用竹筷用力攪拌。這時候也可以加一點砂糖。攪拌一陣子之後，會變成硬得足以折斷筷子的年糕狀。將這揉成適當大小來吃，柿子無可言喻的甘甜，與麨粉形成難以形容的滋味，或許可以說是和風速成巧克力吧。小布施栗落雁餅也有類似的味道，但那是以栗子為材料，比不上柿子的甜美。灰烤澀柿子有著揉入黑砂糖般黏稠的甘甜，小孩子應該會喜歡，大人當然也很愛，留一絲澀味也富有野趣。

以上是燒落葉的兩種樂趣，有時候我會把枯掉的松樹葉收集起來，用來煮水溫酒。庭院裡有二十多棵松樹，秋冬時一樣會落葉。把這些葉子拿竹耙子掃到一個地方，在閒暇的傍晚，擺上三、四塊淺間石，做成一個臨時灶，在裡頭燒松葉，也多少加一點柴。把茶壺放在灶上，酒瓶放進茶壺裡，剛才的馬鈴薯放在這火旁邊保溫，每一匙都加一點奶油來吃，於是連晚飯都可以省了，既下酒，又飽足，這樣一個冬日寒冷的傍晚，令人開心得忘掉時間。

這是很久以前的事了，同樣是十二月的時候，我前往三島市的山麓，拜訪龍澤

土在雪底下沉眠，好安靜

寺的中川宋淵大師，火車在中途發生事故，以至於晚餐時才到。大師將我們請到寒風瑟瑟的松林庭院。地上鋪著紅毛氈，旁邊果然堆著石堆，一名雲水僧將徒手耙來的落松葉集起來燒。石堆上面架著茶壺，喝了一杯滾燙的熱茶後，大師讓人往白蘭地杯裡倒了拿破崙，從隱寮端來與我乾杯。這段期間，一位雲水僧拿海帶芽在松葉燃起的火上烤，然後以懷紙托著，擱在毛氈上。我拿起那海帶芽，清脆有聲地吃了滿口海帶芽的焦香，再配上一口白蘭地。

「是時候了，麻煩撞一下吧。」

我不明白大師指的是什麼。因大師這句話便跑走的雲水僧，不久便撞了松林後方鐘樓裡的鐘。鐘聲如絲，穿過天色將黑未黑的林間，將寂靜送進耳裡，松葉的煙拉出一道裊裊長痕，將之送上空中，雙雙四散無蹤。

我從大師身上學到，這正是所謂風流，而當時白蘭地的西式口感，莫名帶著土味滲入腹中的回憶令人難忘。把烤好的鋁箔紙包馬鈴薯擺在燒過松葉的石頭旁，用松葉來暖酒，這樣的樂趣，便是來自這次龍澤寺的感動，但當我孤獨地在輕井澤的雜木林裡這樣升火小酌，即使內心深處聽見鐘聲，四周還是只有野狗嚎叫。然而，這樣就好，到了哪裡，便享受哪裡的落葉篝火，要是哪裡都有龍澤寺的鐘，不也掃興嗎？

我說冬天寂寥，是因為土地也沉睡了。老實說，即使去田裡看，長的頂多也就是蘿蔔、菠菜、蔥之類的，沒有夏日那樣熱鬧。田埂上早晚都有霜柱，這一帶的霜柱又粗又高，寒冷的早上，整片田就像金剛山的立體全景般，豎起白色柱狀的冰，蘿蔔當然也結了冰，蔥也結了冰。大家都睡了，彷彿要在懷裡搖一搖這些沉睡的蔬菜般，大地縮緊了地表。看到這樣的田，不得不說吃土的日子告終了。到了十二月底，我連燒落葉的精神都沒有，不是窩在暖桌裡，就是緊黏著暖爐，我也要冬眠，但飯是非吃不可的。

那麼，從早開始吃些什麼呢？大致說來，打開乾貨箱（一個馬口鐵製的大箱子），蘿蔔絲乾、海帶芽、昆布、豆皮、素麵、烏龍麵、香菇、葫蘆乾等等，時常檢查是否發霉，用來做味噌湯湯料，或是燉煮什麼時加點料。往地下室去，則有蘿蔔、里芋、馬鈴薯、地瓜、蔥、洋蔥、牛蒡、紅蘿蔔等等。只要有這些，我早中晚的粗食便相當熱鬧，要是膩了，還有我去京都、若狹等地，甚至九州、東北那裡演講時，當作土產帶回來的瓶裝海藻類等，都珍惜地保留著，這些也會和東京的畑煮一起，裝在小碗裡上桌。梅乾、還有特地留下來的果實酒的酒渣，也是配菜。當然，若去了市場，也有溫室栽培的葉菜類可買，燙青菜和涼拌青菜也不會少。所以就算田裡結冰了，只要凡事用心，就不怕沒儲糧。

這裡離菅平和高峰的滑雪場很近，常會有去玩雪順道過來的客人。這時候，我就會點起爐火，掛起大鍋，端上無名湯。

寺裡經常煮建長湯那類湯，但我則是打開冰箱，有什麼就丟進去煮，所以不知道該取什麼名字，於是就自己取個名字叫無名湯。

材料有香菇、蒟蒻（用撕的）、里芋（切成大小相同的滾刀塊）、牛蒡（切圓片）、紅蘿蔔（切圓片，粗的地方切半月型）、蘿蔔（切扇形），若有豆腐則抓碎加進去。首先，昆布切絲下鍋，以中小火煮豆腐以外的用料。待蔬菜煮軟了，以鹽、醬油調味，再加瀝乾後抓碎的豆腐。煮這湯的時候，里芋也不必事先煮過，起稠就起稠，這是自然野合的狂舞。趁熱盛進大碗裡，湯要多，在雪山裡受凍的客人會呼呼吹著打牙祭。

對於愛酒的人，就再出一道烤山藥。山藥選有鬚的切成兩寸厚，以炭火遠遠地烤，放在暖爐上也可以。時間久了，切口便會開始出現裂痕，噗哧一聲冒出熱氣，鬚也烤成金黃色。用手按一按，變軟了便盛盤，附一撮鹽上桌。我也這樣介紹過慈菇，作法都是一樣的。這道菜再加上甜甜的速成蘿蔔一夜漬，其他什麼都不需要。

這些就是我的冬季精進料理的菜色，我曾經在報紙上發表過這道無名湯，應該是頗受好評，前幾年，我去了山陰某地的一家料亭，點了鍋物，老闆娘微笑著說：「來一點無名湯吧。」便盛在大碗裡端上來。

一問之下，據說是這深山積雪的旅館冬天的招牌菜。客人也很喜歡。姑且叫作Y吧，是個位於古老的礦泉小鎮。正如深山裡的礦泉旅館也會在無名湯上下工夫，

無名湯的材料，看看這多彩多姿的食材

後面的五郎作把頭擱在前腳上蜷起來，
聽著淺間山風吹過樹林的聲音

我在輕井澤的廚房，雖然是窩在這寂寥的冬天裡，也要迎接新春。

對於在京都長大的我而言，為新春準備的年菜固然令人懷念，但我對現今超市裡用塑膠盒分裝出售的東西沒有興趣。甘煮黑豆雖然說不上討厭，但那種只是淋上另煮的湯汁，豆子沒有泡夠，湯汁也沒入味，最後以帶腥的柴魚高湯收汁，也不合精進的口味。於是，我把做無名湯的材料全部拿出來，和昆布卷一起燉，再放進冰箱裡，冰透了再吃。至於正月裡人人都要吃的年糕湯，我要先聲明，我可不會像東京那樣，在清湯裡加雞肉以後又加烤年糕。我不會在圓形白年糕多加工，在昆布高湯裡加入大一點的里芋，用白味噌小火煮開，起稠了之後再下年糕，在年糕變軟的時候盛進碗裡。這才是我自己的年糕湯，各位讀者們不妨試試。白味噌的甘美，將白年糕乾乾淨淨地軟化，那種甘味美好極了。這也是照著等持院正月的作法做的，不過等持院不用里芋而是用八頭（里芋的一種）。八頭也很好，但白味噌要完全入味需要很長的時間，我個人偏愛用里芋。

道元的《典座教訓》說「拈一莖草建寶王剎，（中略）縱作莆菜羹之時，不可生嫌厭輕忽之心」，而這本書的獨特之處，在於不將料理當作微末的廚房工作，而是將如何用心製作飲食、如何發揮料理創意的行為視為人類最尊貴的工作。這一點，我也經常提到，但現在想起的是少年時，我在寺裡餐前所誦的經，叫作五觀偈。當時我年紀還小，不明白是什麼意思，只是跟著前輩師兄唸誦。

一、計功之多少量彼之來處。

二、思己德行之全欠應供。

三、防心離過戒貪等。

四、食為良藥以療形枯。

五、為成道故今受食。

現在我六十歲，會用心思索這五偈的意思。可能有錯，但我試著以自己的理解來解釋。

一、體念做出這些食物的人的辛勞，能夠有這一餐可吃，必須先心懷感恩。這些食物在吃進自己的嘴裡之前，可是經過許許多多人的照拂與心力，因此一粒米都不能浪費。

二、必須經常自問是否有資格接受這些可貴的食物，端正自己的心。

三、修行是清除心靈的污垢，去除佛謂之貪、嗔、痴三毒。這三者之中，為首的是貪吃。為了克服貪，此刻才要吃這一餐。

四、為維持這具身體，將食物當作良藥來吃。

五、為了達到與佛相同的了悟境界而吃這份食物。

雖然是佛教意味十足的解釋，但這「佛」、「修行」與我這凡夫俗子無緣，若替換成「文學」、「用功」，便深有所感。看到這篇文章的各位讀者亦可在內心替換。例如，若有從事洋裁的女士，大可將「佛」換成「美」、「修行」換成「裁縫」，都可以。佛變換四十八身，看遍這罪孽深重的人間營生。如此一來，**便能漸漸明白吃飯、烹調那些菜，都是自己的營生，都是為了深入「道」**。若對每一天的飲食漫

烤帶皮山藥

不經心、粗疏以待，那麼當天的「道」便有所懈怠。在此，我誠惶誠恐，以自己的親人為例。我的父親是鄉下木工，我記得之前也寫過，父親經常入山幫忙整理木頭。我會想起父親在他去的山頭飯場，設法弄來山蔬野菜升火烤來吃的樣子，想起那時候，父親用完餐，說道：

「好！再拿起鋸子，苦幹一番吧。」

便會全心投入接下來的工作，不是對別人，而是對自己低聲說的話。請別笑話說這是一個窮鄉下木工吃午飯時的自言自語。道元也曾在《典座教訓》中這麼說：

「拈一莖菜作丈六身，請丈六身作一莖菜。神通及變化，佛事及利生者也。」

這便是佛的神通力。

我在這十二個月當中，於山莊的廚房實踐吃土的日子，隨心所欲地抒發所思所感，但也可以說，我對於「精進料理」的「精進」是何意義苦思了十二個月。說

「腥味」好懂，說「精進」卻不明白。而我試著將這不明白的地方，透過面對具體的材料，與其溝通，在一年之後的此刻，才發現這就是「精進」，不禁為之戰慄。原來，有些事要做了才會懂。於是我明白了，不精進便不可能明白何謂「精進」，這是蘿蔔和菜葉教會我的。

「浮世之樂誠多，首先吟風花誦雪月乃風雅之道，其樂無窮。就中色欲之歡，世上之樂莫過於此。此外，得諸藝或種種精工巧物而引以為樂者有之。其中，烹炮新菜，聚同好徹夜暢談，亦為不可多得之樂。」

《歌仙組糸》作者冷庵主所說的樂，亦在精進之中，我雖然沒有「招有志一同之士」的樂趣，卻也讓「ミセス（Mrs）」編輯部的女士們窺見我私下的樂事，甚至將一些好的不好的通通寫出來。嗚呼！

國家圖書館出版品預行編目(CIP)資料

時光裡的醍醐味：日本文學大師的飲食手記,寫下最富禪意的人生百味 / 水上勉著 ; 詹慕如、劉姿君翻譯. -- 初版. -- 新北市 : 大樹林出版社, 2023.07
面； 公分. -- (心裡話 ; 17)
譯自 : 土を喰う日々 : わが精進十二ヵ月
ISBN 978-626-97115-4-3(平裝)

1.CST: 飲食 2.CST: 文集

427.07 112006814

心裡話 17

時光裡的醍醐味

日本文學大師的飲食手記，寫下最富禪意的人生百味
土を喰う日々：わが精進十二ヵ月

作　　者／水上勉
翻　　譯／詹慕如、劉姿君
總 編 輯／彭文富
主　　編／黃懿慧
編　　輯／賴妤榛
校　　對／楊心怡
封面設計／Ancy Pi
排　　版／菩薩蠻數位文化有限公司

出 版 者／大樹林出版社
營業地址／23357 新北市中和區中山路2段530號6樓之1
通訊地址／23586 新北市中和區中正路872號6樓之2
電　　話／(02) 2222-7270　　傳　　真／(02) 2222-1270
E-mail／notime.chung@msa.hinet.net
官　　網／www.gwclass.com
Facebook／www.facebook.com/bigtreebook

發 行 人／彭文富
劃撥帳號／18746459　　戶　　名／大樹林出版社
總 經 銷／知遠文化事業有限公司
地　　址／新北市深坑區北深路 3 段 155 巷 25 號 5 樓
電　　話／02-2664-8800　　傳　　真／02-2664-8801
初　　版／2023年07月

大樹林學院
Line 社群
微信社群
YouTube

定價／350 元　港幣／117 元　ISBN／978-626-97115-4-3　版權所有，翻印必究
◎本書如有缺頁、破損、裝訂錯誤，請寄回本公司更換 Printed in Taiwan
◎本書為單色印刷的繁體正版，若有疑慮，請加入 Line 或微信社群洽詢。